# はじめに読みたい Ajax

入門から実践まで

たにぐちまこと

パーソナルメディア

■ 本書に記載されている会社名、商品名、製品名などは、各社の登録商標または商標です。
■ Mozilla、Firefox、Firefox ロゴは、Mozilla Foundation の商標または登録商標です。

# はじめに

## ● 本書の解説

　本書は、2005年にWeb業界で話題になった「Ajax」という技術を、基本から実践的なテクニックまで幅広く紹介します。

　Ajaxを理解するためには、JavaScriptはもちろん、PHPやデータベース、XML等、非常に多くの知識が必要になります。本書は、HTMLとプログラミングの若干の知識があれば読んでいただけるように、基本的な部分から丁寧に解説するよう心がけました。レベルに応じてどこからでも読めるように構成しました。

　Part Vでは、Google Mapsなどを活用した、Ajaxの実用的なプログラムも準備しています。ぜひ、次の「本書の読み方」を参考にして、自分のレベルにあった場所から活用してください。

　それでは、新しいWebの世界を楽しみましょう。

## ● 本書の読み方

　本書は、次の5部構成になっています。

　基本編では、Ajaxとはなにか、その利点や今後どう発展していくのか、などを紹介しています。この章は、Ajaxのことを知らない場合や曖昧な場合に、読んでみてください。パソコンを前にする必要がないので、電車の中や立ち読みでも大丈夫です。

　準備編では、Ajaxの開発を行う前に必要な作業を解説しています。パソコンの前で読みながら開発環境を整えていきましょう。手軽に学習を始められるように、本書ではすべて無料の開発環境を取り上げています。

　腕試し編、実践編、もっとAjaxは必要に応じて、自分のレベルにあった場所から読み始めてください。

　最初の腕試し編では、Ajaxの解説に入る前にJavaScriptやPHP、MySQLの基本的な知識を紹介しています。このあたりの知識に不安のある方や、実践編を読んでいてわからないことが出てきた方は読んでみてください。

　実践編では、Ajaxのさまざまなサンプルプログラムを掲載しています。各節が独立していますので、どこから読んでも理解できるようにまとめています。自分に必要な箇所、興味のある箇所から読み始めてかまいません。

　最後のもっとAjaxは活用編にあたります。ここでは、Ajaxを活用した実践的なプ

ログラムを掲載しています。実践編で解説しきれない細かいテクニックなども網羅していますので、自分でプログラムを作っていて困ったときなどに活用してもいいでしょう。

知識に不安な方は基本編、すぐにプログラムを始めたい方は準備編から始めてみてください。

## ● 本書を読むための基礎知識

本書では、次の項目について、説明を一部割愛しています。

・HTMLの書式や名称など
・プログラミングの基本的な知識

次のような用語が理解できていれば大丈夫です。ぜひここで一度、確認しておいてください。なお、本書での解説はわかりやすさを優先するために、「正確」ではない解説がある場合もあります。正確な意味を知りたい場合には、HTMLの公式文書を公開しているWWWコンソーシアムのWebサイト（http://www.w3.org）などを参考にしてください。

**HTMLの知識：**

・**タグ**──HTMLを構成するための部品で、＜と＞で区切られたキーワード。開始タグと＜/から始まる終了タグのセットで使われる。
  例：
  `<p>段落内の文章など</p>`

・**属性**──タグに固有の特徴を付けるためにつけるもので、タグの中に「属性名="属性値"」という形で記述する。
  例：
  `<input type="text" name="text_box" size="35">`

・**XHTML**──HTMLにルールを増やして、しっかりした書式でWebサイトを作ることができるようにしたもの。タグ名・属性名は小文字で記述する、属性値にはダブルクオーテーションをつけるといったルールの徹底や、終了タグがないimg、brなどには、最後に/>で終わらせるなどの約束ごとが増えている。
  例：
  `<img src="../image.jpg" width="10" height="10" />`

**プログラミングの知識：**
- **変数**──情報を一時的に保管しておくための機能。変数名をつけて記憶する。
- **関数**（ファンクション）──プログラムで行える、さまざまな機能の一つ一つの動作。
- **構文**──プログラムを作るときの構造。分岐構文（if構文）や繰り返し構文（for、while構文）がある

　もし、このあたりの知識に不安があるようでしたら、HTMLのタグ辞典やプログラムの入門書なども参照しながら、本書を読み進めてください。

## ● 表記ルール

　本書では、以下のような表記ルールで書き進めています。

　　[ ]──ボタン名やメニュー名を表します
　　『 』──画面に書かれている表記などを表します
　　「 」──特殊な用語や、特に強調したいキーワードを表します
　　⏎──この記号の部分は実際のプログラムでは改行されません。

　コンピュータ用語はできるだけカタカナを利用しています。ただし、Ajax等の固有名詞とWeb等の一部の言葉はアルファベットで表記しています。

# 目次

はじめに ---------------------------------------------------------------------- iii

## Part I 基本編

### ▶ Chapter 1　Ajaxとは ------------------------------------------------------ 1
- 1-1　Ajaxとは　2
- 1-2　クライアントサイド技術とサーバーサイド技術　3
- 1-3　RIAが実現する、新しいインターネットの世界　5
- 1-4　Ajaxの利点　7
- 1-5　Ajaxの欠点　9
- 1-6　Ajaxによって、これからのWebがどのように変わるのか　11

### ▶ Chapter 2　Ajaxの実例カタログ -------------------------------------------- 13
- 2-1　Google Maps　14
- 2-2　Googleサジェスト　17
- 2-3　check*pad　18
- 2-4　SCOTTSCHILLER.COM　19
- 2-5　The Web Word Processor　20

## Part II 準備編

### ▶ Chapter 3　開発環境を整えよう -------------------------------------------- 21
- 3-1　開発環境の概要について　22
- 3-2　Webブラウザ　23
- 3-3　テキストエディタソフト　25
- 3-4　Webサーバー、サーバーサイドスクリプト、データベースサーバー、データベース操作ソフト　27
- 3-5　バーチャルホストを設定する　33
- 3-6　MySQLのユーザー作成　36
- 3-7　スタイルシート　37

## Part III 腕試し編

### ▶ Chapter 4　JavaScript --------------------------------------------------- 41
- 4-1　JavaScriptとは　42
- 4-2　テンプレートファイルを準備しよう　43
- 4-3　JavaScriptの一番基本的なプログラム　44
- 4-4　オブジェクトとメソッド　46

- 4-5 オブジェクトの親子関係とプロパティ 48
- 4-6 処理をまとめて名前を付ける「ファンクション」 51
- 4-7 ユーザーが起こした動作に反応する「イベントドリブン」 52
- 4-8 オブジェクトの直接指定 54
- 4-9 省略できるオブジェクト名 56
- 4-10 JavaScriptコンソールを使う 58
- 4-11 フォーム部品の扱い方 60
- 4-12 レイヤーの扱い方 67
- 4-13 JavaScriptを外部ファイルにする方法 71
- 4-14 変数を使ったプログラム 73

## Chapter 5 MySQL ―― 77

- 5-1 データベースとは 78
- 5-2 MySQLの操作方法 79
- 5-3 SQLとは 81
- 5-4 データベーススペースの作成 83
- 5-5 ユーザーの作成 86
- 5-6 テーブルの作成 89
- 5-7 フィールドと型 91
- 5-8 新しいデータの追加 93
- 5-9 データの変更 96
- 5-10 データの削除 97
- 5-11 データの検索 98
- 5-12 リレーショナルデータベースとリレーションシップ 100

## Chapter 6 PHP ―― 103

- 6-1 PHPとは 104
- 6-2 ファイルの準備 105
- 6-3 PHPの一番基本的なプログラム 106
- 6-4 フォーム変数とURL変数 111
- 6-5 データベースと接続する 115
- 6-6 データを検索する 118
- 6-7 sprintfを使ったプログラム 121

## Chapter 7 XML ―― 125

- 7-1 XMLとは 126
- 7-2 XMLを作成しよう 127
- 7-3 属性を使ってみよう 130
- 7-4 XMLの約束事 131

## Part IV 実践編

## Chapter 8 Ajax ―― 133

- 8-1 一番基本的なプログラム 134

- 8-2　Ajaxの基本テンプレートを作ろう　139
- 8-3　情報をGET送信したい　141
- 8-4　情報をPOST送信したい　144
- 8-5　テキストボックスにメッセージを表示したい　148
- 8-6　ラジオボタンのチェック状態を変化させたい　151
- 8-7　HTML画面を書き換えたい　154
- 8-8　レイヤーを表示したい・複製したい　157
- 8-9　同期処理と非同期処理の違いを知りたい　164
- 8-10　フォームへの記入内容を送信したい　168
- 8-11　フォームに記入した情報を、データベースに保存したい　172
- 8-12　データベースから、データを検索したい　176
- 8-13　XMLを使って画面を書き換えたい　181
- 8-14　JSONを使って画面を書き換えたい　185
- 8-15　XMLをJSONに変換したい　189
- 8-16　イベントを後から割り当てたい　193
- 8-17　外部のWebサイトと通信したAjaxプログラム　197
- 8-18　ブラウザ依存問題を解決したい　201

## Part V　もっとAjax

### ■ Chapter 9　データベースと連携した付箋紙プログラム　205
- 9-1　プログラムの紹介　206
- 9-2　準備作業　215
- 9-3　新しい付箋紙を作る処理　218
- 9-4　付箋紙をドラッグドロップする　220
- 9-5　情報を記録する　223
- 9-6　付箋紙の情報を再現する　227
- 9-7　付箋紙の削除　228
- 9-8　完成　231

### ■ Chapter 10　Google Mapsを使ってみよう　233
- 10-1　準備をしよう　234
- 10-2　表示直後の地点を変更する　236
- 10-3　拡大率を変更する　237
- 10-4　サテライトを表示する　238
- 10-5　マーカーを表示する　239
- 10-6　マーカーをクリックしたら、情報ウィンドウを表示する　240
- 10-7　地図を移動しよう　242

あとがき　245
索引　246

Part I 基本編

Chapter 1

Ajaxとは

## Chapter 1-1　Ajaxとは

Ajaxは、「Asyncronous JavaScript + XML」の略称です。
日本語で言えば「JavaScriptとXMLを利用した非同期型プログラムの総称」という意味です。

　Ajax（エイジャックス、またはアジャックス）がややこしいのは、それが製品名や固有の技術の名前ではないことです。

　Ajaxとは、「Asynchronous JavaScript + XML」の略称で、日本語に訳すと「JavaScriptとXMLを活用した非同期型（Asynchronous）プログラムの総称」とというような意味になります。よくわからない単語が大量に出てきて、面食らっているかもしれませんね。

　もう少し、わかりやすく説明しましょう。Ajaxという言葉は、1つのソフトウェアの名前でもプログラム言語の名前でもありません。いくつかの技術を組み合わせた「総称」です。JavaScriptを使っていることは条件ですが、XMLという技術は名前に含まれているにもかかわらず、実際には使われていなくとも「Ajax」と呼ばれることがあったりするのです。

　そこで、名前は無視して筆者流に訳すと「JavaScriptとサーバーサイド技術を非同期で通信させて作る、高度なプログラム」といえるのではないかと考えています。

　それでは、ここで出てきた「サーバーサイド技術」や「非同期」とはどういう意味でしょうか？　それについてはChapter 1-2以降で解説していきます。

## Chapter 1-2 クライアントサイド技術とサーバーサイド技術

Ajaxを理解するためには、「クライアントサイド技術」と「サーバーサイド技術」を理解する必要があります。
これは、プログラムの動く場所によって分類できる、種類のことです。

　JavaScriptをはじめとした「Webプログラム技術」には、さまざまな種類があります。有名なところではCGI（Perl）や、PHP、VBScriptなど。ほかにも、ColdFusionやFlashで使われているActionScript、Rubyなどなど挙げていくときりがないほどです。
　これらのWebプログラム技術は、大きく「サーバーサイド技術」と「クライアントサイド技術」という2つの種類に分類することができます。これは、そのWebプログラム技術が動作する場所で分類したもので、サーバーサイド技術はWebサーバーで、クライアントサイドはWebブラウザで動作するプログラムを指します（図1-1）。
　このサーバーサイド技術とクライアントサイド技術には、正反対の特徴があります。

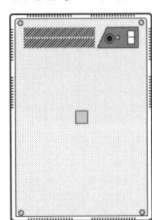

Webサーバー

サーバーサイド技術
・CGI（Perl）
・PHP
・ASP
など

クライアントサイド技術
・JavaScript
・ActionScript（Flash）
など

パソコン
（Webブラウザ）

図1-1　サーバーサイド技術とクライアントサイド技術

たとえば、サーバーサイド技術は掲示板システムやネット銀行などに使われ、「情報の共有」や、銀行システムとの連携など非常に高度な動作をすることができます。反面、必ず情報がWebサーバーで処理される必要があるため、Webページが切り替わる瞬間しか動作することができません。

　逆に、クライアントサイド技術の場合、ボタンのロールオーバー処理（マウスカーソルがボタンの上を通過すると色が変わる演出）やアニメーションなど、Webブラウザ上で自由に動作することができ、ユーザーの操作へ柔軟に反応することができます。反面、情報をWebサーバーと送受信できないため、情報を保存したり受信したりすることができません。

　このように、Webプログラム技術には相反する特徴があり、しかもこれを連携して使うことができませんでした。そのために、これまでの「Webシステム」といわれるものは、紙芝居のようにページの推移を繰り返しながら展開するWebサイトしか生み出せなかったのです。

　これを打開しようと動き出したのが、「RIA」という考え方でした。

## Chapter 1-3
# RIAが実現する、新しいインターネットの世界

RIAは、「Rich Internet Application」の略称です。
インタラクティブな操作性と、柔軟な表現を実現できる新しい技術です。

　RIA（アールアイエー、またはリア）とは「Rich Internet Application」の略称で、Webサイトで柔軟な操作性を実現しようと生み出された考え方です。現在「RIAコンソーシアム」などの団体を中心に、活動が続けられています。
　RIAを実現するためには前節の「サーバーサイド技術」と「クライアントサイド技術」の連携が不可欠です。なぜなら、クライアントサイド技術を使って柔軟な操作性を実現しながら、そこで処理された情報をサーバーサイド技術を使って保存したり、送信したりする必要があったからです。
　そこで最初に注目されたのが、Flashでした。Flashには、Action Scriptという高機能なクライアントサイド技術が搭載されています。また、CGIやPHP等のサーバーサイド技術を組み合わせる方法も提供されているため、RIAを実現するにはうってつけの技術なのです。すでに、ホテルや航空券の予約システムや、一部のショッピングサイトなどに利用されています。ただ、Flashには次のような利点でもあり、欠点でもある特徴があります。

## プラグインソフトが必要

　Flashで作られたプログラムを動作させるには、Adobe（Macromedia）が提供する「Flash Player」というプラグインソフト（Webブラウザに組み込んで利用する小さなソフトウェア）が必要です。これにより、本来Webブラウザが持っていないような機能を提供することができます。
　その反面、プラグインソフトをインストールできない事情があるユーザーがいたり、プラグインソフトのバージョンなどによって動作したりしなかったりなど、ユーザーの利用環境に依存してしまうため、Flashが動作しない場合の代替案を準備しておく必要があります。

## 見た目や操作性が独特になりがち

　Flashは、画面制作やアニメ制作に制約がほとんどなく、自由にインタフェース（画面の見た目）を作ることができます。そのため、独創性のあるWebサイトが制作できます。
　しかし、それが逆に各Webサイトで独特すぎるインタフェースを生み出してしまい、インターネットの初心者ユーザーに負担を強いているという一面もあります。

## 作るのに高度な知識が必要

　Flashは自由度が高い代わりに、開発者に高度な知識を要求します。ActionScriptというプログラム言語の知識はもちろん、アニメーションを制御するタイムラインやレイヤーの知識、ムービークリップやライブラリと呼ばれるムービー群をまとめるための知識など、非常に多岐にわたります。

　さらに、高いデザイン能力なども必要になるため、誰でも簡単に扱えるというわけではありません。

　このように、Flashは魅力的な技術である反面、なかなか導入に踏み切れない場合もあり、普及には時間がかかっていました。そこで、Web検索サービスで有名なGoogleが注目したのが、Ajaxという技術です。

---

**Flashの未来**　　　　　　　　　　　　　　　　　　　　　　　　　COLUMN

　本章では、Ajaxと比較をするために、Flashの欠点といえる部分だけをあえて列記しました。しかし、筆者はもちろんFlashにも、非常に注目しています。

　現在では、開発元のAdobe（Macromedia）も統一された操作性を実現するために、コントロール群を標準装備しています。また、Flexという技術で、デザイナーを必要とせずにFlashプログラムを作ることができたりもします。

## Chapter 1-4　Ajaxの利点

Ajaxには、数多くの利点があります。
それは「古くて新しい技術」だからこその利点といえるでしょう。

　Ajaxは、本章の最初で説明したとおり、JavaScriptを活用した技術です。JavaScriptといえば、1996年には前身のLiveScriptというプログラム言語が生まれています。それも含めれば、2006年現在ですでに10年もの歴史を持っています。
　この10年の間に、数々の改良が加わるとともに、多くのWebブラウザに標準で搭載されるようになりました。Ajaxで必要なものはこのほかにも、「HTML」や「フォーム部品」など、Webサイトで古くから使われている技術ばかりです（図1-2）。
　このように「枯れた技術」の組み合わせであるAjaxには、次のような利点が生まれます。

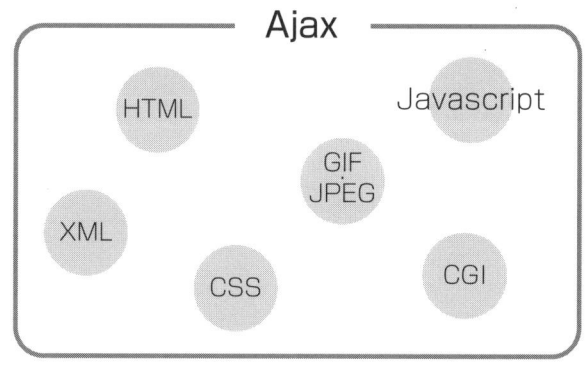

図1-2　Ajaxで使われている技術

### 多くのWebブラウザで利用することができる

　JavaScriptは、現在利用されているほとんどのブラウザで、プラグインソフトなどをインストールすることなく利用することができます。そのため、ユーザーに全く負担をかけずに導入することができるのです。

## 既存のWebサイトを活用することができる

　Flashの場合、Flash上で作ったムービーやプログラムをHTMLに埋め込むことはできますが、基本的にはHTML部品などをそのまま活用することはできません。
　しかしAjaxの場合、HTMLにJavaScriptを組み合わせるだけなので、たとえば既存のWebサイトを活かしつつ、機能や演出を付け加えたりすることができます。

## Ajaxが使えない場合にも、既存のWebページとして使うことができる

　プラグインソフトが必要な技術の場合、そのプラグインソフトがインストールされていないWebブラウザで閲覧しようとしても、なにも見えません。そのため、Webサイト自体を利用することができなくなってしまいます。
　しかしAjaxの場合、もしJavaScriptが利用できなくても、通常のWebサイトとしての機能は果たすことができます。

　Ajaxは、古い技術の組み合わせであるために、多くのユーザーが違和感なく使うことができるのが大きな利点です。
　とはいえ、Ajaxも良いことばかりではありません。欠点もしっかりと理解しておきましょう。

# Chapter 1-5 Ajaxの欠点

Ajaxにも苦手な部分があります。
しっかり理解して、正しくAjaxを使えるようにしましょう。

　Ajaxが枯れた技術の組み合わせであることは、多くの利点を生む反面、次のような欠点も持ち合わせています。

## HTMLとJavaScriptによる表現に限界がある

　JavaScriptでどんなにがんばって演出を加えても、Flashによる演出にはかないません。プログラムにも限界があり、実現できないような演出やプログラムも存在します。

## Webブラウザ依存が存在する

　プラグインソフトを使わずにWebブラウザに頼っているため、そのWebブラウザに依存する場合があります。コラムで紹介しているように、JavaScriptのブラウザ依存は少なくなってきたとはいえ、日本語の処理やサーバーサイドプログラムとの通信方法などで、一部のWebブラウザが独特なため、このあたりのことを考慮しながらプログラムを作らないといけません。

## 多くの知識を組み合わせる必要がある

　Ajaxは、ひとつの技術の名前ではなく、多くの技術を組み合わせた総称と紹介しました。そのため、まとめて学習しづらい技術でもあります。

　Ajaxにできることできないこと、得意なこと苦手なことをしっかりと理解し、適材適所で技術を選ぶということも必要です。
　それでは、Ajaxは今後のWeb業界にどんな革命をもたらすのでしょうか。最後にそのあたりを紹介したいと思います。

## JavaScriptが利用できる理由 COLUMN

　JavaScriptといえば、古くからWebに携わっている方の中には「Webブラウザ依存がひどくてあまり使えない技術」と思われる方もいるかもしれません。

　確かに、1990年代後半に、JavaScriptによるWebサイトのプログラミング技術は「DynamicHTML（DHTML）」等という名前で一躍有名になりましたが、Webブラウザ依存が強く、「使えない技術」という烙印を押されたという過去を持っています。

　そんなJavaScriptが再び注目されたのには、Webブラウザ業界の事情があります。

　1990年代後半は、Netscape Navigatorを開発するNetscape Communications社と、Internet Explorerを開発するMicrosoft社が、激しく競っている時代でした。当時は、お互いに独自の機能を付け加えることで、自社製品の優位性を出そうとしており、Netscape NavigatorのJavaScriptや、Internet ExplorerのVBScript、ActiveXなど、技術が乱立している状態でした。これらの技術にはほとんど互換性がなく、どちらかのWebブラウザ用に制作したWebサイトは、もう一方のWebサイトでは閲覧できないという状態になっていました。

　しかし、Netscape Communications社が開発したJavaScriptというプログラム言語は、その後ECMA（欧州電子計算機工業会）という標準化団体が、「業界標準」のプログラム言語として認め、Microsoftを含めて数々のWebブラウザが搭載を始めます。その後登場した、OperaやFirefox、Appleの純正WebブラウザSafariなども、JavaScriptをこぞって搭載し始め、JavaScriptはWeb業界で利用できる標準技術の1つとなったわけです。

　現在も若干のWebブラウザ依存はありますが、それらの依存性を吸収するようなライブラリ（プログラムで利用できる小さなプログラム）も開発されていて、使える環境が整ってきているといえます。

## Chapter 1-6　Ajaxによって、これからのWebがどのように変わるのか

Ajaxは、Webの世界をどのように変えていくのでしょう。
現在のAjaxの活用事例と、今後の予測を紹介します。

　Ajaxが登場し、今後Webサイトはどのように変わっていくのでしょうか。本章の最後として、筆者の予測も交えながら紹介しましょう。
　2006年現在のAjaxの状況を見渡してみると、Google等が地図サービスや、検索補助機能（Google Suggest）などで活用していますが、どちらも実際には目新しいWebサイトではありません。地図サービスは古くからありましたし、検索の補助機能もその本質は検索サイトのままです。
　そして、今後もAjaxによってWebサイトの世界が劇的に変わることはないと思います。むしろ、これまでのサービスが少しずつ操作しやすくなったり、あらゆる動作に柔軟に対応できるようになったり、という方向で進化していくのではないかと考えています。
　しかし、だからこそAjaxは注目すべき技術であり、安心できる技術でもあります。劇的な変化をもたらす技術は、場合によっては「流行」によって左右され、消えゆく運命の場合もあります。Flashを使ったWebサイトも、スプラッシュアニメーション（Webサイトの表示直後に表示される全面アニメ）が流行した後、全面Flashによるナビゲーションサイト、ビデオ映像などを活用したリッチメディアサイトなどと流行によって必要な技術が左右されたりします。
　しかし、Ajaxはあくまでも「今あるもの」に付け加える技術なので、目立たぬうちに徐々に浸透していくのではないでしょうか。場合によっては、Ajaxを採用することが当然のようになり、Ajaxという言葉もなくなってしまうかもしれません。しかし、そのときこそ本当にAjaxが世間に浸透したことになり、Webサイトをより操作しやすい、身近な存在にしてくれるかもしれません。

Part I 基本編

Chapter 2
Ajaxの実例カタログ

## Chapter 2-1　Google Maps （図2-1）

開発者：Google, Inc.
URL：http://maps.google.co.jp/
Ajaxを活用した地図サービス。マウスのドラッグドロップで地図をスクロールできます。

図2-1　Google Maps例（新宿を表示）

　Ajaxという名前が生まれる前に、GoogleがJavaScriptを活用した高度な操作性を実現したWebサイトとして話題を呼びました。
　世界中の地図を、マウスのドラッグドロップで操作して閲覧することができます。さらに衛星写真と切り替えたり、重ね合わせたりして使うこともでき、実用的な地図の枠を越え、地図で楽しむということを提唱しました。
　Google Mapsは、API（Application Programming Interface：自作プログラムに取り込むための方法）を公開しています。そのため、誰でもGoogle Mapsを使った独自サービスを作ることができ、現在次のような例があります。

・Find Job! (図2-2)

`http://www.find-job.net/`
運営：株式会社ミクシィ

図2-2　Google Mapsを活用したサイトFind Job!

　デジタル系求人情報サイト。求人募集企業の位置を、Google Mapsを使って示しています。

## ・はてなマップ (図2-3)

http://map.hatena.ne.jp/
運営：株式会社はてな

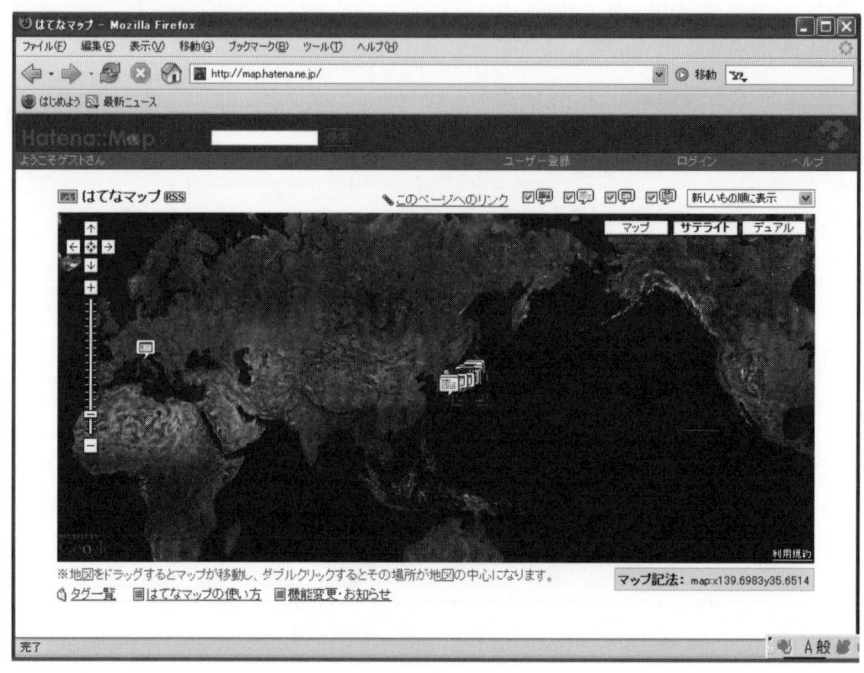

図2-3　はてなマップの画面

　はてなが運営する情報提供サービス。位置を指定して、情報や写真などを自由に登録することができます。また他の人が投稿した情報を閲覧することもできます。

## Chapter 2-2　Googleサジェスト（図2-4）

開発者：Google, Inc.
URL：http://labs.google.com/
Googleの検索サイトを、Ajaxで拡張した例です。

図2-4　Googleサジェスト日本語版画面

　Googleでの検索のときに、キーワードの一部を打ち込んでいくと、その後のキーワードを予測して表示します。同時に、そのキーワードでの検索結果件数を表示して、予測候補から選んで検索することができます。

## Chapter 2-3 : check*pad (図2-5)

開発者:checkpad.jp
URL:http://www.checkpad.jp/
インターネット上で管理できるToDoツール

図2-5 check*padの画面

　自分がやらなければならない仕事(ToDo)を効率よく管理したり、チームで共有したりできる管理ツールです。編集したい項目をクリックすると、その場でテキストボックスが表示されるなど、操作性が非常によいサイトになっています。

## Chapter 2-4 SCOTTSCHILLER.COM （図2-6）

開発者：Scott Schiller
URL：http://www.scottschiller.com/
Ajaxで、Webサイトを高度に演出したWebサイト

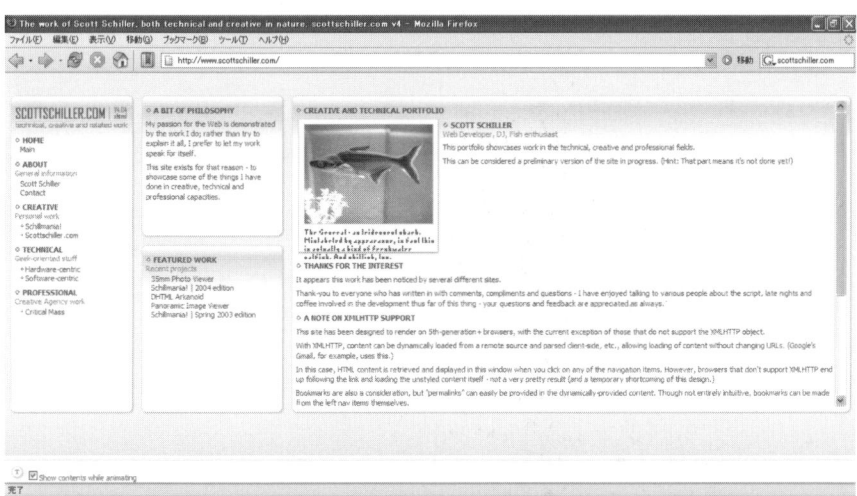

図2-6 SCOTTSCHILLER.COMの画面

　まるでFlashで作られているかのように、各コンテンツがアニメーションとともに登場し、リンクをクリックする度に、さまざまな演出が見られます。しかし、Flashは一切利用されておらず、すべてCSSをAjaxで制御することで演出されています。そのためため、JavaScriptが使えないWebブラウザで閲覧しても、Webサイトとしての機能はしっかり果たしています。

## Chapter 2-5　The Web Word Processor （図2-7）

開発者：Upstartle, LLC.
URL：http://www.writely.com/
オンライン上で利用できるワードプロセッサー

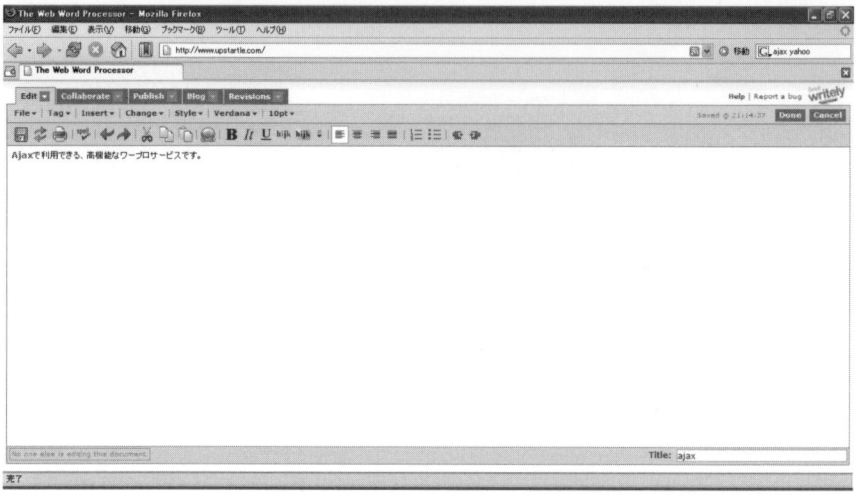

図2-7　The Web Word Processorの画面

　Microsoft Wordなどのワープロソフトに近い機能を実現した、Webソフト。
　文書をオンライン上に保存しておいたり、他の人と共有することもできるため、ワープロソフトよりもむしろ便利かもしれません。

Part II 準備編

# Chapter 3
# 開発環境を整えよう

## Chapter 3-1　開発環境の概要について

まずは、Ajaxを作るのに必要な開発環境を紹介します。

　Ajaxの開発は、CGIなどが動作するレンタルサーバーと契約していれば、テキストエディタソフトとWebブラウザだけで開発することができます。とはいえ、その場合にはプログラムを毎回FTPソフトでWebサーバーに転送してから動作確認をしなければならず、時間がかかってしまいます。
　そこで、自分のパソコンにWebサーバーソフトウェアやデータベースなどをインストールし、擬似的なWebサーバーを構築してしまいましょう。必要なソフトウェアの種類は、次のようになります。また、本書で例として使うのは、右側のソフトウェアになります。

・Webブラウザ──Firefox
・テキストエディタソフト──TeraPad（Windows）／mi（Mac）
・Webサーバーソフト──Apache
・サーバーサイドスクリプト──PHP
・データベース──MySQL
・データベース操作ソフト──phpMyAdmin

　ここで紹介したソフトは、すべて無料のソフトウェアで、誰でも手に入れることができます。ひとつずつ、インストール方法を紹介していきますので、開発環境を整えていきましょう。
　なお、動作させるOSはMicrosoft Windows XP SP2、Apple MacOS X 10.4（Tiger）を前提としています。その他のOSをご利用の場合には、各ソフトの動作環境などを確認の上、ご利用ください。

## Chapter 3-2　Webブラウザ

Ajaxに欠かせないツール、Webブラウザです。
本書ではFirefoxを使います。

　まずは、Webブラウザです。Webブラウザは、Windowsの場合はInternet Explorer、Macの場合はSafariが標準でインストールされています。しかし、Ajaxは基本編でも紹介したとおり、Webブラウザ依存があるため、どちらのWebブラウザでも動作させるには工夫が必要です。

　しかし、さまざまなWebブラウザで動作すること（クロスブラウザといいます）に気を遣いすぎると、Ajaxの本質的な部分がぼやけてしまいます。そこで、本書ではあえてFirefox専用のプログラムを使って、解説を進めていきます。

　Firefoxは、WindowsにもMacにも無料で提供されていて、誰でも使うことができます。また、FirefoxはJavaScriptの本家であるNetscapeの流れをくんだWebブラウザであるため、もっとも素直にAjaxを開発できるブラウザになっています。次の通りにインストールして、使ってみましょう。

　Firefoxは、次のサイトで手に入れることができます。

http://www.mozilla-japan.org/products/firefox/

　Windowsの場合は、ダウンロードしたインストールプログラムをダブルクリックして起動し、後は指示に従っていきます（図3-1）。

　Macの場合はダウンロードしたディスクイメージから、実行ファイルをアプリケーションフォルダにドラッグアンドドロップします（図3-2）。

　インストールが完了したらダブルクリックして起動しましょう。Firefoxのスタートページが表示されます（図3-3）。これでインストールが完了です。

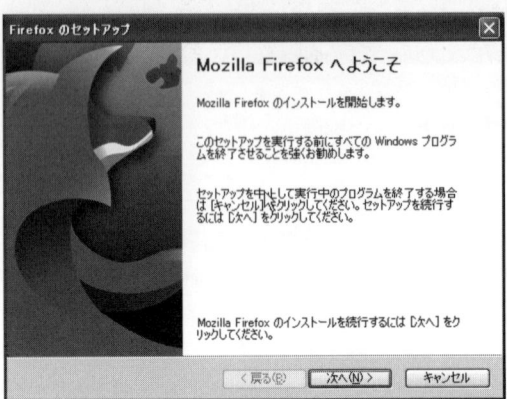

図3-1　Firefoxのインストール画面（Windows）

図3-2　Firefoxのインストール画面（Mac）

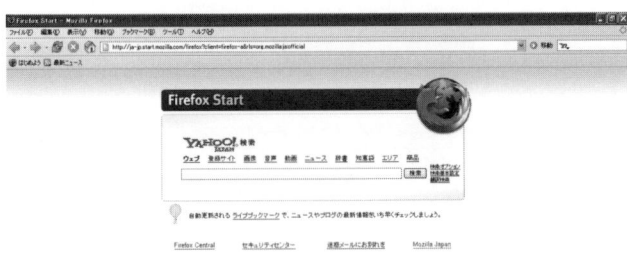

図3-3　Firefoxのスタートページ

# Chapter 3-3　テキストエディタソフト

テキストエディタは手になじんだソフトを使いましょう。
本書では、TeraPadとmiを紹介します。

　テキストエディタソフトは、有料・無料を含めて非常に多くの種類があります。使いやすさも人によって違ってくるため、本書では特にその種類は問いません。
　もしも、まだテキストエディタを持っていないという場合には、筆者のお薦め無料テキストエディタソフトとして「TeraPad（Windows）」と「mi（Mac）」をご紹介します。次の手順の通りにインストールしましょう。

### ・Windowsの場合／TeraPadのインストール

次のサイトからインストールファイルをダウンロードします。

http://www5f.biglobe.ne.jp/~t-susumu/

　インストーラ付きとインストーラなしがありますが、ここではインストーラ付きをダウンロードしておきましょう。ダウンロードしたインストールプログラムをダブルクリックして、指示に従ってインストールすれば完了です。（図3-4）。

図3-4　TeraPad画面

## ・Macの場合／miのインストール

次のサイトからダウンロードします。

http://www.mimikaki.net/

　ディスクイメージから、実行ファイルをアプリケーションフォルダにドラッグドロップすればセットアップ完了です（図3-5）。

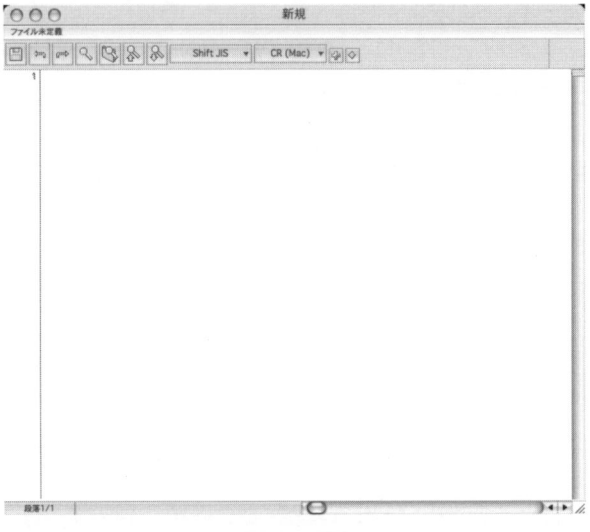

図3-5　mi画面

Chapter 3-4

# Webサーバー、サーバーサイドスクリプト、データベースサーバー、データベース操作ソフト

Webサーバーなどは、Apache、MySQL、PHPを使います。
これらのソフトウェア群は、LAMPやWAMP、MAMPなどと呼ばれています。

　Ajaxは、JavaScriptとサーバーサイド技術を組み合わせる必要があります。サーバーサイド技術には、PerlやASPなどさまざまな種類がありますが、本書ではPHPを利用していきます。また、それを動作させるWebサーバーソフトウェアにはApache、データベースソフトウェアにはMySQLを利用します。
　すべて無料で手に入れることができる上、現在はこれらのソフトウェアを一括してインストールできる「XAMPP」や「MAMP」というソフトウェアがあるため、簡単にインストールすることができます。
　次の手順を参考にして、インストールしてみてください。

### ・Windowsの場合／XAMPPのインストール

次のWebサイトからダウンロードします。
http://www.apachefriends.org/en/

　英語のサイトなのでちょっとわかりにくいですが、画面上部のボタン群から『Projects』を選び、『XAMPP』→『XAMPP for Windows』とたどっていけば、ダウンロードすることができます。『Installer』と書かれているファイルをクリックし、ダウンロード先サイト一覧から「Location」が「Japan」のサイトを1つ選んで、『Download』リンクをクリックしてください。しばらくするとダウンロードが始まるはずですが、万が一始まらない場合は、画面上部に表示されているリンク先をクリックしてください。
　インストールプログラムの最中、「Install XAMPP servers (Apache, MySQL or FileZilla FTP) as Service?」と質問されます。これは、Windowsの「サービス」という自動起動の仕組みに登録するかという質問なので［いいえ］をクリックするとよいでしょう。余計なメモリを消費しなくて済みます。
　インストールが完了すると、スタートボタンに［apachefriends］というグループが追加されます。［apachefriends］→［xampp］→［CONTROL XAMPP SERVER PANEL］をクリックすると、XAMPP Control Panelが表示されます（図3-6）。

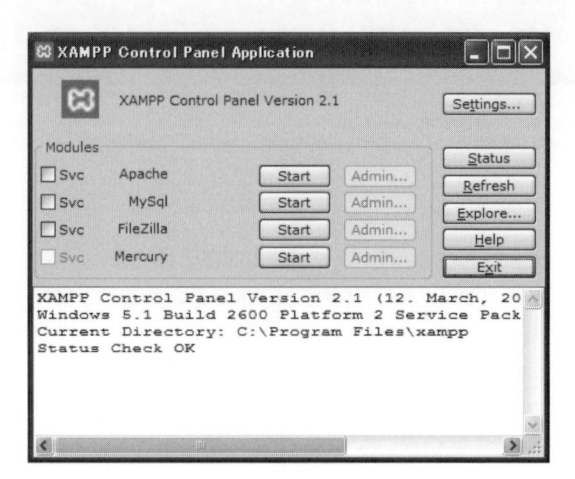

図3-6　XAMPP Control Panel

　画面上のApacheとMySQLの右側にある［Start］ボタンをクリックしましょう。このとき、Windows XP SP2では図3-7のような警告画面が表示されます。ここでは必ず［ブロックを解除する］をクリックしてください。起動することができなくなります。ボタンの左側に「Running」と表示されれば起動完了です。Ajaxの開発中は、常にこの2つのサーバーソフトウェアを起動しておいてください。

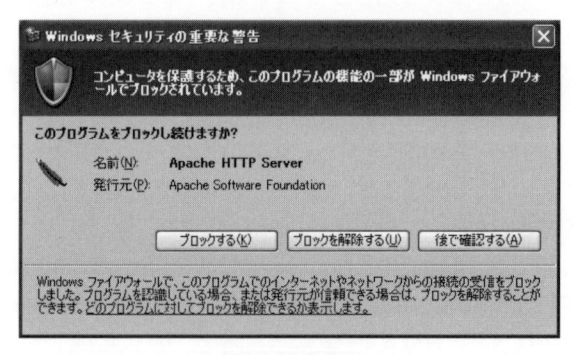

図3-7　警告画面

　次に、MySQLがこのままでは日本語をうまく扱えないので、設定を少し変更します。XAMPP Control Panelの、MySQLという項目の一番右側にある［Admin...］というボタンをクリックします。
　一瞬設定画面が表示された後、すぐに消えてしまいますが、実際にはタスクバーに

納まっただけです。図3-8のようなアイコンがタスクバーの右側に表示されていますので、これをクリックして［Show me］を選びます。すると、WinMySQLadminというツールが起動します（図3-9）。

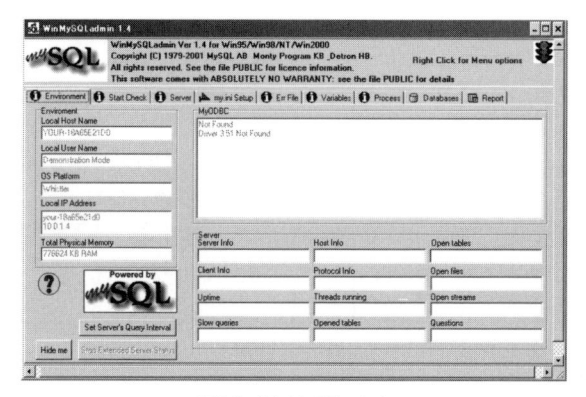

図3-8　アイコン

図3-9　WinMySQLadmin

　［my.ini Setup］というタブをクリックします。大きなテキストボックスが表示され、設定項目が記述されていますので『［mysqld］』と書かれている箇所のすぐ下に次のように書き込みます。

```
default-character-set=utf8
```

　さらに、すべての設定項目が終わった一番下に、次のように書き加えます。

```
[mysql]
default-character-set=utf8
[mysqldump]
default-character-set=utf8
```

　画面左下の［Save Modification］ボタンをクリックして、出てくるダイアログボックスも［はい］ボタンをクリックします。『My.ini was modified』というメッセージが出たら保存完了です（図3-10）。WinMySQLadminを終了してください。

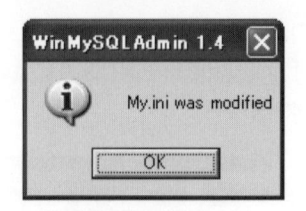

図3-10 メッセージ

　XAMPP Control Panelに戻ると、Runningという表示が消えて、代わりに画面左端のSvcというチェックボックスがオンになっています。これは、Windowsの「サービス」と呼ばれる常駐ソフト（常に動作し続けるソフト）になっています。このままでもかまいませんが、Ajaxの開発をするとき以外もメモリを使ってしまいますので、チェックをはずしておきましょう。改めて［Start］ボタンを押してMySQLを起動します。これで準備完了です。
　Firefoxから、次のURLを打ち込んでみてください。XAMPPの初期画面が表示されます（図3-11）。

```
http://localhost/xampp/
```

図3-11　XAMPPの初期画面

## ・Macの場合／MAMPのインストール

MAMPは、次のサイトからダウンロードします。

```
http://www.mamp.info/
```

入り口ページで『日本語』を選んだら日本語サイトに移動します。画面右側にある『無料ダウンロード』を選びます。ダウンロードページに移動したら、『MAMP 1.1.1/dmg.zip』を選択し、『Download MAMP』をクリックします。

たくさんのダウンロードサイトが表示されるため、『Location』が『Japan』となっている場所を選んで『Download』リンクをクリックします。そのまま少し待っているとダウンロードが始まります。万一始まらなかった場合は、画面の上部に表示されているリンクをクリックしてください。

ディスクイメージを展開して、出てきたフォルダをアプリケーションフォルダにコピーします。フォルダを開き、『MAMP』を起動すると図3-12のようなウィンドウが表示されます。[Start Servers]ボタンをクリックして起動しましょう。『Apache Server』と『MySQL Server』両方の左側にあるアイコンが、緑色になっていれば起動完了です（図3-13）。

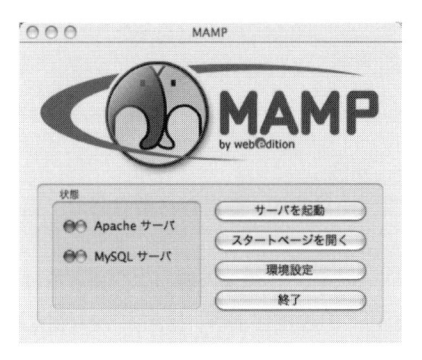

図3-12　MAMPの起動画面

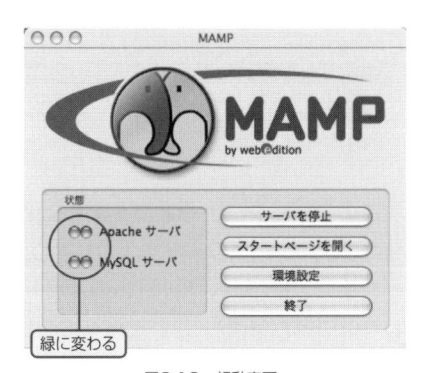

図3-13　起動完了

次に、MySQLはこのままでは日本語をうまく扱うことができないので、少し設定を変更します。

まず、アプリケーションフォルダの中の [MAMP] → [bin] → [mysql4] → [share] → [mysql] の中にある『my-small.cnf』を見つけます。これを『my.cnf』に名前を変えておきましょう。これを、テキストエディタソフトで開いてください。

ファイルを見ると、所々に『[mysql]』や『[mysqld]』などと記述されています。この直後に、それぞれ次のように打ち込んでいきます。

```
[mysqld]
default-character-set=utf8
...
[mysqldump]
default-character-set=utf8
...
[mysql]
default-character-set=utf8
...
```

上書き保存してください。次にFinderに戻って、[移動] → [フォルダへ移動] メニューをクリックして、次のように打ち込みます。

```
/etc/
```

このフォルダに、今名前を変えたmy.cnfをコピーします。認証が必要なので、自分のログインパスワードを入力しましょう。

さらに、MAMPはMySQLの「ポート設定」というものが標準と違っています（詳しくはコラム参照）。これを標準に合わせて変更しておきましょう。MAMPを起動して、[環境設定] ボタンをクリックします。[ポート] というタブを選ぶと、ApacheとMySQLのポート番号が、それぞれ「8888」「8889」に設定されていますので、MySQLを「3306」に設定して [OK] ボタンをクリックします。

これで、すべての設定が完了です。自動的にサーバーが再起動します。もしこのとき認証を聞かれた場合は、ログインパスワードを入力してください。

これで開発環境はすべて整いました。お疲れ様でした。次からは、さらに開発をやりやすくするための設定を行います。

# Chapter 3-5 バーチャルホストを設定する

Webサイトを構築するときは、バーチャルホストを設定すると便利です。
1台のコンピュータが、複数のWebサーバーマシンのように振る舞います。

　バーチャルホストは、1つのApacheに擬似的に複数のWebサーバーを設定するための機能です。詳しくはコラムで解説いたします（P.35）。本書では、Ajaxの開発をやりやすくするために、バーチャルホストを設定して開発していきます。WindowsとMacの場合を一緒に説明していきましょう。

　テキストエディタソフトを起動し、[ファイル] → [開く] メニューで、次のファイルを開いてください。

Windowsの場合：C:¥Program Files¥xampp¥apache¥conf¥httpd.conf
Macの場合：アプリケーション:MAMP:conf:Apache:httpd.conf

　ファイルの一番下に次のように記述します。

Windowsの場合：

```
Listen 50000
<VirtualHost *:50000>
    DocumentRoot C:/Sites
</VirtualHost>
```

Macの場合：

```
Listen 50000
<VirtualHost *:50000>
    DocumentRoot /Sites/
</VirtualHost>
```

　[ファイル] → [上書き保存] メニューで、ファイルを保存します。これで、

「Sites」というフォルダが、バーチャルホストとして設定されました。

次にフォルダを作ります。

Windowsの場合：
　マイコンピュータでCドライブを開き、［ファイル］→［新規作成］→［フォルダ］メニューで新しいフォルダを作ります。名前を「Sites」とします。

Macの場合：
　Finderで、「Machintosh HD」を開き、control+クリックでメニューを表示します。［新規フォルダ］をクリックして新しいフォルダを作り、「Sites」という名前を付けましょう。

　そしたら、XAMPP Control PanelやMAMPから、サーバーを再起動してください（詳しくは前節を参照してください）。これで、すべての設定が完了です。念のため、動作を確認しておきましょう。
　再びテキストエディタソフトを起動します。次の文章を記述してください。

```
PROGRAM CODE
<html>
<head>
<meta http-equiv="Content-Type" content="text/html; ↵
charset=UTF-8" />
<title>バーチャルホスト設定テスト</title>
</head>

<body>
<p>バーチャルホストの設定テストです</p>
</body>
</html>
```

［ファイル］→［名前を付けて保存］と辿って次のファイル名で保存します。

Windowsの場合：`C:¥Sites¥index.html`
Macの場合：`/Sites/index.html`

　Firefoxを起動して、次のURLをアドレスバーに打ち込みます。
`http://localhost:50000/`

図3-14が表示されます。

図3-14　表示画面

> **バーチャルホスト・ポート番号ってなに？**　COLUMN
>
> 　バーチャルホストというのは、1つのWebサーバーでいくつものWebサイトを運営するために、仮想的（＝Virtual）に設定するサーバーのことです。
> 　URLには、その後ろに「ポート番号」と呼ばれる接続番号を付けることができます。通常、この番号は80番という番号が使われますが、0番から65535番の間で自由に番号を付けることもできます。ただし、このポート番号はWebサーバーソフトウェア以外のソフトでも使っている場合があり、代表的な例ではFTPサーバー（21番）、メールサーバー（25番、110番）などのサーバーソフトウェア、MSN Messenger（3219番）などの常駐ソフトウェアも利用しています。
> 　ポート番号は、すべてのソフト間で重なることができませんので、バーチャルホストを作るときには、これらの使われている番号以外をつける必要があります。一般的には、49152番〜65535番までが「自由に使ってよい」とされている番号なので、この中から選ぶとよいでしょう。本書では、50000番を使っています。

## Chapter 3-6　MySQLのユーザー作成

データベースには、「ユーザー」という概念があります。
ユーザーを作って、データベースを操作できるようにしましょう。

　本書のサンプルプログラムでは、MySQLに「ajax」というユーザーを作り、「ajax_sample」というデータベーススペースを使って開発していきます。詳しくは、Chapter 5で解説しますが、すでにMySQLの知識がある方は、次のデータベーススペースとユーザーを作成しておいてください。

・データベーススペース： ajax_sample
・ユーザー： ajax
・パスワード： 123456

## Chapter 3-7　スタイルシート

本書で作っているサンプルプログラムと同じスタイルシートを設定する方法を紹介します。簡単なHTMLで見栄えを良くすることができます。

```
/* CSS Document */
*{
margin: 0px;
padding: 0px;
font-style: normal;
font-weight: normal;
}
body{
margin: 25px;
}
body *{
}
h1 {
}
p,form {
font-size: 0.9em;
margin: 0px 0px 15px 12px;
}
input {
font-size: 0.8em;
padding: 1px 4px;
}
```

プログラムには、見た目を整えるために、共通したCSSをリンクします。次のようなファイルを作成します。

次に、Sitesフォルダに「css」というフォルダを作成して、このファイルを次の名前で保存します。

Windowsの場合：C:¥Sites¥css¥global.css
Macの場合：/Sites/css/global.css

---

**そのほかにおすすめのテキストエディタソフトウェア**　　　COLUMN

　本章では、無料のテキストエディタソフトをおすすめしましたが、有償のソフトウェアには非常に高機能なテキストエディタソフトもあります。これらのソフトウェアを使うと、HTMLなどのコードの間違いを指摘してくれたり、正規表現検索という非常に高度な検索機能が利用できたり、マクロ機能という自動運転ができたりなど、開発作業を助けてくれる機能が豊富に備わっています。

　体験版が公開されているソフトがほとんどなので、一度試用してみて、場合によっては購入してみるとよいでしょう。

・Dreamweaver8／Windows、Mac（図3-15）
　Webサイト制作ソフトの代名詞的な存在です。価格は5万円以上と、とても手軽に手を出せる価格ではありません。
　しかし、Webサイトデザインの再現性やHTML・プログラムコードの書きやすさと見やすさ、テストサーバーの設定などによるプレビュー・デバッグのやりやすさなどは群を抜いており、開発作業も非常に楽になります。

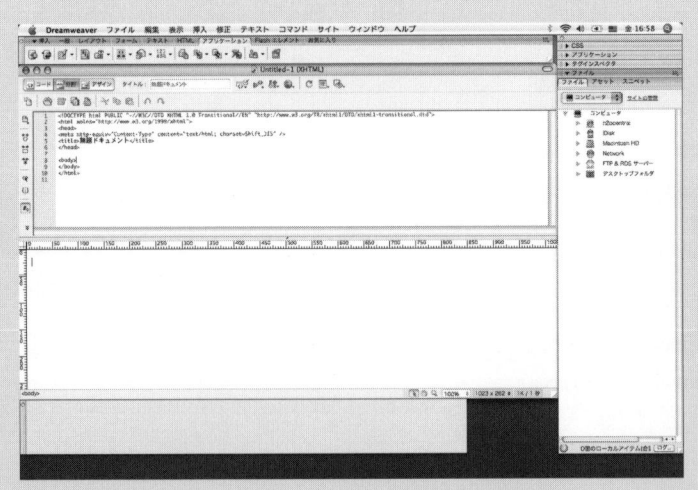

図3-15　DreamWeaver8

- 秀丸エディタ／Windows（図3-16）

　プログラミング・文章執筆など分野を問わず愛用者が多いエディタソフトです。
　プログラムコードの色分けなどの基本的な機能や正規表現を使った検索など、高度な利用法が可能です。

図3-16　秀丸エディタ


- EmEditor／Windows（図3-17）

　筆者がWindowsで愛用しているエディタソフトがこれ。複数のファイルを開いたときにも1ソフトの中で展開するため、プログラム開発に優れています。
　また、EmFTPという同社のソフトを組み合わせると、Webサーバー上のファイルを直接編集することもできます。

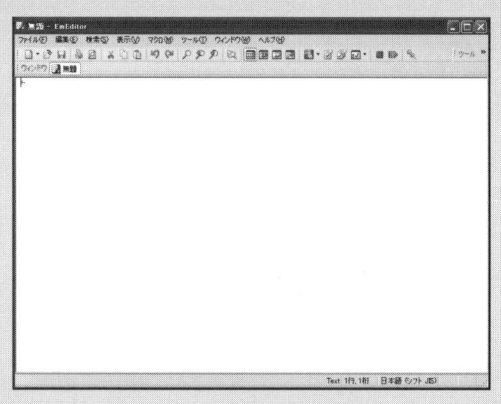

図3-17　EmEditor

- Jedit X／Mac（図3-18）

筆者が日常的に愛用しているテキストエディタソフトです。機能自体はシンプルですが、Macにはテキストエディタソフトの種類があまり多くないため、貴重な存在です。

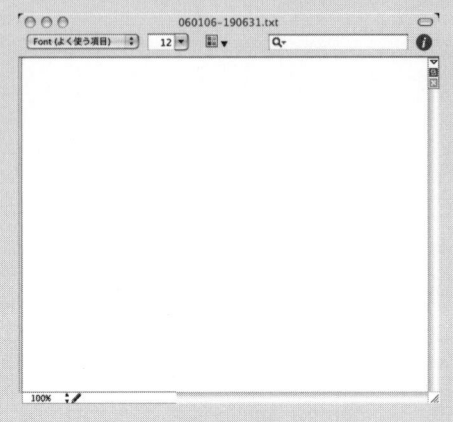

図3-18　Jedit

- Eclipse／Windows、Mac（図3-19）

Javaの開発者たちの間で非常に人気のあるエディタソフト。PHPの開発にも使うことができます。

無料で利用することができ、非常に高機能ですが、インストールや日本語化などにテクニックが必要で、手軽に使えるというわけではありません。

専門書なども発売されているため、興味がありましたら使ってみてください。

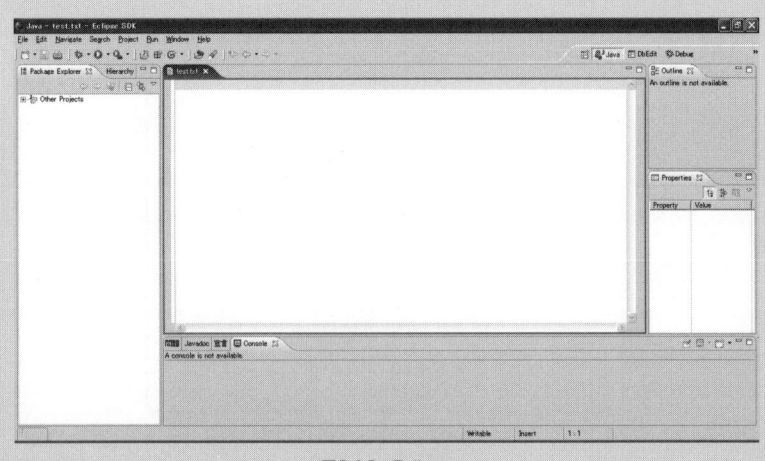

図3-19　Eclipse

Part III　腕試し編

Chapter **4**

JavaScript

## Chapter 4-1　JavaScriptとは

JavaScriptは、Netscape Communication社が開発した本格オブジェクト指向言語です。

　Ajaxの主役とも言えるJavaScriptは、Part Iでも紹介したとおりNetscape Communications社が開発したクライアントサイド技術の代表格です。本格的な「オブジェクト指向言語」でありながら、非常に簡単にWebサイトに動きを加えることができるため、多くの開発者に愛用されています。

　ここでは、JavaScriptをあまり知らない方のために、JavaScriptの基本やオブジェクト指向言語というプログラム言語のさまざまな要素について、簡単にまとめていきます。Ajaxの本格的な開発を始める前に、少し腕ならしをしておきましょう。

## Chapter 4-2　テンプレートファイルを準備しよう

HTMLのテンプレートファイルを作っておきましょう。
いつでもテンプレートから作り出すと、作業がスムーズになります。

　HTMLには、さまざまな約束事があります。<html>タグや<body>タグを使わなければならないのはもちろん、<DOCTYPE>タグなどで文字コードを指定するなど、さまざまな「決まり文句」があります。それらを毎回打ち込むのは、骨の折れる作業なので、必要な内容を書き込んだテンプレートファイルを作っておくと便利です。
　テキストエディタソフトで、次のようなファイルを作成しておいて、いつもこのファイルをコピーしてから作業を始めるとよいでしょう。

template.html

```
PROGRAM CODE
<!DOCTYPE html PUBLIC "-//W3C//DTD XHTML 1.0
Transitional//EN" "http://www.w3.org/TR/xhtml1/DTD/xhtml1-
transitional.dtd">
<html xmlns="http://www.w3.org/1999/xhtml">
<head>
<meta http-equiv="Content-Type" content="text/html;
charset=UTF-8" />
<title>JavaScript編：（タイトル）</title>
<script type="text/javascript">
（JavaScript）
</script>
<link href="/css/global.css" rel="stylesheet"
type="text/css" media="all" />
</head>

<body>
（HTML）
</body>
</html>
```

## Chapter 4-3　JavaScriptの一番基本的なプログラム

まずは、一番簡単なプログラムを作ってみましょう。
アラートボックスを表示するプログラムです。

　それでは、早速JavaScriptの開発を始めてみましょう。Chapter 4-2で作ったテンプレートファイルをコピーして、次のように変更してみてください。

javascript/lesson01.html

```
■PROGRAM CODE
<!DOCTYPE html PUBLIC "-//W3C//DTD XHTML 1.0 ⏎
Transitional//EN" "http://www.w3.org/TR/xhtml1/DTD/xhtml1- ⏎
transitional.dtd">
<html xmlns="http://www.w3.org/1999/xhtml">
<head>
<meta http-equiv="Content-Type" content="text/html; ⏎
charset=UTF-8" />
<title>JavaScript編：一番基本的なプログラム</title>
<script type="text/javascript">
function viewMessage(message) {
        document.formMain.buttonView.value = 'メッセージが表示され ⏎
        ました';
        window.alert(message);
}
</script>
<link href="/css/global.css" rel="stylesheet" ⏎
type="text/css" media="all" />
</head>

<body>
<h1>JavaScript編：一番基本的なプログラム</h1>
<p>下のボタンを押してください。</p>
<form id="formMain" name="formMain" method="post" action="">
        <input name="buttonView" type="button" id="buttonView" ⏎
```

```
            value="メッセージを表示する" onClick="viewMessage('この文章 ↵
            が表示されます');" />
</form>
</body>
</html>
```

そして、Sitesフォルダに、「javascript」という名前でフォルダを作成します。ファイル名は「lesson01.html」として保存しましょう。

Firefoxのアドレス欄に次のURLを打ち込みます。
`http://localhost:50000/javascript/lesson01.html`

図4-1が表示されるので、ボタンをクリックします。すると、図4-2のように小さなウィンドウが表示されて、メッセージが表示されます。この小さなウィンドウは「アラートボックス」などと呼びます。これでJavaScriptプログラムの完成です。

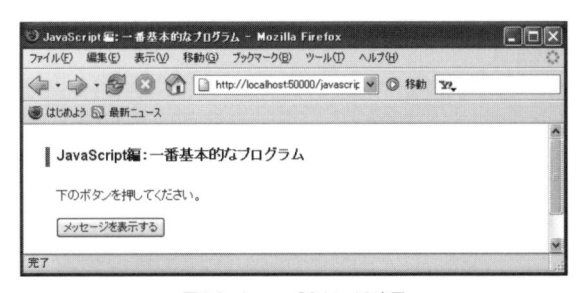

図4-1 lesson01.htmlの表示

図4-2 アラートボックス

このプログラムには、JavaScriptの基本的な知識がしっかり詰まっています。次のChapter 4-4から、ひとつずつ丁寧に解説してみましょう。

## Chapter 4-4　オブジェクトとメソッド

JavaScriptの理解に欠かせない「オブジェクト指向言語」という考え方があります。
ここでは、オブジェクトとメソッドを紹介します。

　Chapter 4-1で触れましたが、JavaScriptは「オブジェクト指向言語」と呼ばれる種類のプログラム言語です。一口に「プログラム言語」といっても、その種類はさまざまです。時代の流れでプログラム言語自体が進化したり、ある分野に特化して作られたプログラム言語があったりなどで、いろいろな種類が存在するのです。それでは、JavaScriptはどんなプログラム言語なのでしょうか。具体的に説明します。
　たとえば、Chapter 4-3のプログラムの、次の部分に注目してください。

■ PROGRAM CODE
```
window.alert(message);
```

　このプログラムは、アラートボックスと呼ばれる小さなウィンドウを表示させ、そこにメッセージを表示するためのプログラムです。これには、次のようにキーワード毎に名前が付いています（図4-3）。

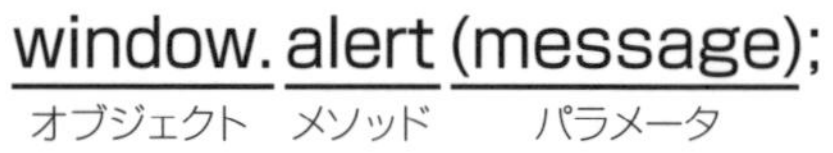

**window. alert (message);**
オブジェクト　メソッド　　パラメータ

図4-3　プログラムの構成

　まず、「メソッド」という部分。これは「動作」を表します。ここでは「アラートボックスを表示する」という動作を表しています。では、この動作は一体「誰（＝どれ）」が行うのでしょう。それを表すのがオブジェクトです。オブジェクト（Object）は日本語で「もの」などと訳すことができます。つまり、メソッドの「対象者」をここで指定するのです。
　オブジェクト指向言語のプログラミングスタイルは常にこうして、どれになにをさせるかを指定することで書き進めていきます。
　さて、これでアラートボックスを表示することができるようになりましたが、表示させたアラートボックスにはなにを表示したらよいでしょうか。それを指示するのが、

「パラメータ」という部分です。パラメータはメソッドに対して、必要な情報を受け渡すことができます。この場合は、alertメソッドに対して「どんなメッセージを表示させるか」をパラメータで指定します。

　パラメータの内容や数はメソッドによって代わり、決められた内容と数を正しく指定しないと、そのメソッドは動作しません。

　なお、この例ではパラメータには『message』というキーワードが指定されています。これは、この後「ファンクション」「イベントドリブン」のところで説明します。

## Chapter 4-5　オブジェクトの親子関係とプロパティ

> オブジェクト指向言語は、非常に高度なプログラム言語です。
> ひとつずつ確実に理解しましょう。次は、親子関係とプロパティです。

　オブジェクト指向言語の重要な要素にはもう1つ「プロパティ」があります。次のプログラムに注目してみましょう。

**PROGRAM CODE**
```
document.formMain.buttonView.value = 'メッセージが表示されました';
```

　このプログラムは、ボタンの表面に書かれているメッセージを変化させるプログラムです。Chapter 4-4で解説した「メソッド」と似ていますが、最後が少し違います。このプログラムには、それぞれ次のような名前が付いています（図4-4）。

**document. formMain. buttonView. value**

オブジェクト　　　オブジェクト　　　オブジェクト　　　プロパティ

図4-4　プログラムの構成

　オブジェクトがたくさん書かれていて、複雑なプログラムになっていますが、これは後で解説します。まずは次の部分に注目してください。

**PROGRAM CODE**
```
buttonView.value
```

　valueというのが「プロパティ」です。プロパティ（Property）は英語で「所有物」等という意味がありますが、ここでは「特徴」などと訳すとよいでしょう。
　たとえば、現実の世界でも自動車でも自転車でも、それぞれに「特徴」があります。ボディーが赤いとか、丸いとか四角いとか。プロパティも、このようにオブジェクトの「特徴」を変化させるために使うのです。このvalueというプロパティは「値」という特徴であり、ボタンの場合には特に「表面に書かれている文章」という意味にな

ります。

　Chapter 4-4のメソッドと同じように、プロパティもその持ち主を指定する必要があります。ここでは、buttonViewというボタンの特徴を変えているわけです。

　それでは、このbuttonViewというボタンはどこにあるのでしょうか。これを表すのが、オブジェクト名がいくつも書かれた次の部分です。

```
PROGRAM CODE
document.formMain.buttonView
```

　.（ドット）を使って、いくつものキーワードをつなげています。これは、ボタンがある場所を示すための住所のようなものです。

　住所は、たとえば「東京都新宿区西新宿…」というように記述していきますが、同じ東京都の中にもさまざまな区があります。また、新宿区の中にもさまざまな地域があり、最終的にある一軒の住宅やビルに絞り込むことができます。オブジェクトの指定もこれと同じように、徐々に範囲を絞り込んで指定しているのです。

　まずは、次のHTMLを見てみましょう。

```
PROGRAM CODE
<form id="formMain" name="formMain" method="post" action="">
        <input name="buttonView" type="button"
        id="buttonView" value="メッセージを表示する"
        onClick="viewMessage('この文章が表示されます');" />
</form>
```

　まず、「buttonView」は、ユーザーがクリックするボタンにつけられたnameという属性で指定された名前です。その前に書かれている「formMain」というオブジェクトは、このボタンが配置されているフォームの名前です。さらにその前の「document」というオブジェクトは、Webブラウザが表示している文書自体を表す、最初から用意されているオブジェクトです。

　つまり、これを図にすると図4-5のようになります。「buttonView」というボタンは「formMain」の「子供」であり、さらに「formMain」は「document」の子供なのです。

　これによって、同じ名前のボタンがあっても、正確に見分けることができます。

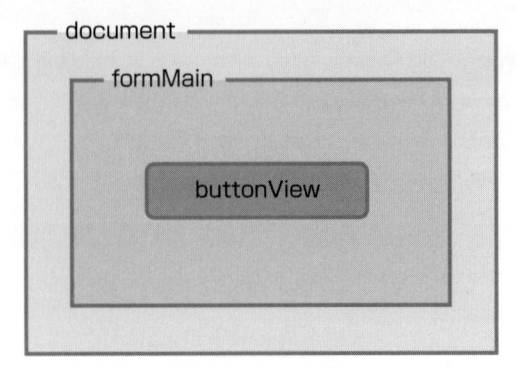

図4-5　オブジェクトの親子関係

## Chapter 4-6 処理をまとめて名前を付ける「ファンクション」

プログラム言語には欠かせない存在「ファンクション」。
これを使いこなせれば、プログラムの世界が広がります。

　このサンプルプログラムでは、「ボタンをクリックする」という1回の操作で、次の2つの動作を行っています。

・アラートボックスを表示する
・ボタンの表面の文章を変化させる

　このように複数の動作を行う場合、「ファンクション」という単位でまとめることができます。ファンクションの使い方は簡単で、次のように記述します。

```
PROGRAM CODE
function viewMessage(message) {
}
```

　これで、このプログラムを使うときは、『viewMessage』というファンクション名を指定するだけで、まとめて動作を指示することができるわけです。
　Chapter 4-4で「パラメータ」を説明しました。それと同じように、ファンクションにもパラメータを使うことができます。しかも、ファンクションのパラメータは作る人が自由に決めることができます。
　ここでは「message」というパラメータを作っておきました。使い方や詳しいことは、この後の「イベントドリブン」で説明します。

# Chapter 4-7 ユーザーが起こした動作に反応する「イベントドリブン」

最近のプログラム言語は、ほとんどがこの「イベントドリブン」の仕組みで動作しています。
そのメカニズムを解説します。

　最後は「イベントドリブン」です。このプログラムは、Webブラウザに表示しても、なにも起こりません。ボタンをクリックすることで、初めて起動するのです。このように、ユーザーが何か動作を起こす（＝イベント：Event）ことで、プログラムが実行される（＝ドリブン：Driven）スタイルを、「イベントドリブン」といいます。次のプログラムに注目しましょう。

```
PROGRAM CODE
<input name="buttonView" type="button" id="buttonView"
value="メッセージを表示する" onClick="viewMessage('この文章が
表示されます');" />
```

　onClickという属性に、Chapter 4-6で紹介した「ファンクション名」が指定されています。これが、イベントドリブンのための記述です。onClickとは「クリックされたとき」という意味を持つ属性名で、タグの種類によって記述できる属性が変わってきます。次のような属性があります。なお、「フォーム部品」についてはこの後の「フォーム部品の扱い方」をご参照ください。

| onBlur | フォーム部品 | フォーム部品からテキストカーソルがはずれたとき |
| onChange | フォーム部品 | フォーム部品の内容が変化したとき |
| onClick | フォーム部品、画像、リンクなど | クリックされたとき |
| onFocus | フォーム部品 | フォームにテキストカーソルが入ったとき |
| onLoad | bodyタグ | ページが表示されたとき |
| onMouseOver | リンク、画像 | マウスカーソルがリンクや画像の上を通過したとき |
| onSelect | テキストボックス | テキストボックス内の文章が選択されたとき |
| onSubmit | formタグ | フォームが送信されたとき（サブミットボタンを押したりEnterキーを押したりしたとき） |
| onReset | formタグ | フォームがリセットされたとき |
| onUnload | bodyタグ | ページが消えるとき |

さて、このプログラムにはファンクション名の後に、アラートボックスに表示したい文章が記述されています。「ファンクション」の説明のときに、ファンクションにはパラメータを作ることができますと説明しました。そこで作ったパラメータは、そのファンクションを使うときに指定することができます。もう一度ファンクションの中身を見てみましょう。

▣ PROGRAM CODE

```
function viewMessage(message) {
        document.formMain.buttonView.value = ↵
        'メッセージが表示されました';
        window.alert(message);
}
```

　ここで指定した「message」というパラメータは、そのままalertメソッドのパラメータとして使われています。つまり、パラメータをバケツリレーのように、イベントからファンクション、ファンクションからメソッドへと受け渡すことで、アラートボックスに表示するメッセージを変化させているのです。たとえば、ボタンのイベント部分は次のように変更すると、アラートボックスのメッセージも変化します。

▣ PROGRAM CODE

```
<input name="buttonView" type="button" id="buttonView" ↵
value="メッセージを表示する" onClick="viewMessage('メッセージを ↵
変更しました');" />
```

## Chapter 4-8　オブジェクトの直接指定

JavaScriptには、オブジェクトの親子関係を無視して直接オブジェクトを指定する方法があります。
そのキーとなるのがid属性です。

　Chapter 4-5で、オブジェクトは親子関係を作ることができ、住所のように親から子へと順番に絞り込んでいくと説明しました。しかし、この親子関係を把握するのは、ページ構成が複雑になればなるほど大変です。
　そこで、IDという属性を使って、直接オブジェクトを指定する方法がよく使われます。lesson01.htmlを次のように変更してみましょう。

javascript/lesson01-2.html

```
<!DOCTYPE html PUBLIC "-//W3C//DTD XHTML 1.0
Transitional//EN" "http://www.w3.org/TR/xhtml1/DTD/xhtml1-
transitional.dtd">
<html xmlns="http://www.w3.org/1999/xhtml">
<head>
<meta http-equiv="Content-Type" content="text/html;
charset=UTF-8" />
<title>JavaScript編：一番基本的なプログラム (getElementById)</title>
<script type="text/javascript">
function viewMessage(message) {
        document.getElementById('buttonView').value =
        'メッセージが表示されました';
        window.alert(message);
}
</script>
<link href="/css/global.css" rel="stylesheet"
type="text/css" media="all" />
</head>

<body>
<h1>JavaScript編：一番基本的なプログラム (getElementById) </h1>
```

```
<p>下のボタンを押してください。</p>
<form id="formMain" name="formMain" method="post" action="">
        <input name="buttonView" type="button"
        id="buttonView" value="メッセージを表示する"
        onClick="viewMessage('この文章が表示されます');" />
</form>
</body>
</html>
```

ボタン表面の文章を変更するプログラムが、次のように変化しています。

PROGRAM CODE

```
document.getElementById('buttonView').value = 'メッセージが表示されました';
```

親子関係を気にせずに、id属性を目印に直接指定しているのです。このサンプルプログラムでは、それほど親子関係が複雑ではないため、メリットがわかりにくいかもしれませんが、さまざまなフォームやフォーム部品を配置し、親子関係が複雑になってくると、このように直接指定すると非常に便利です。ただし、ページの中で同じIDをつけてはいけません。この点だけ注意して、使っていきましょう。

## Chapter 4-9 省略できるオブジェクト名

JavaScriptでは、省略できるオブジェクト名が若干存在します。
プログラムを短く、見やすくすることができます。

オブジェクト名によっては、省略できるものがあります。たとえば、lesson01.htmlを次のように変更してみましょう。

javascript/lesson01-3.html

```
PROGRAM CODE
<!DOCTYPE html PUBLIC "-//W3C//DTD XHTML 1.0 ⏎
Transitional//EN" "http://www.w3.org/TR/xhtml1/DTD/xhtml1- ⏎
transitional.dtd">
<html xmlns="http://www.w3.org/1999/xhtml">
<head>
<meta http-equiv="Content-Type" content="text/html; ⏎
charset=UTF-8" />
<title>JavaScript編：一番基本的なプログラム（オブジェクト名の省略）</title>
<script type="text/javascript">
function viewMessage(message) {
        document.formMain.buttonView.value = ⏎
        'メッセージが表示されました';
        alert(message);
}
</script>
<link href="/css/global.css" rel="stylesheet" ⏎
type="text/css" media="all" />
</head>

<body>
<h1>JavaScript編：一番基本的なプログラム（オブジェクト名の省略）</h1>
<p>下のボタンを押してください。</p>
<form id="formMain" name="formMain" method="post" action="">
        <input name="buttonView" type="button" ⏎
```

```
               id="buttonView"  value="メッセージを表示する" ↵
               onClick="viewMessage('この文章が表示されます');" />
</form>
</body>
</html>
```

alertメソッドの前からwindowオブジェクトがなくなりました。

```
PROGRAM CODE
alert(message);
```

　しかし正常に動作します。alertというメソッドはwindowオブジェクトしかもっていないため、指定してもしなくてもWebブラウザは認識することができます。
　JavaScriptには、このように省略できるオブジェクト名がいくつかあります。書き慣れてきたら、省略してもよいでしょう。

## Chapter 4-10　JavaScriptコンソールを使う

JavaScriptの開発は、デバッグ環境（プログラムミスを発見するための作業）が非常に困難なことが特徴です。
Firefoxには、それを補助してくれる「JavaScriptコンソール」があります。

たとえば、次のようなプログラムを作ってみましょう。

javascript/lesson02.html

```
■ PROGRAM CODE
<!DOCTYPE html PUBLIC "-//W3C//DTD XHTML 1.0 ↵
Transitional//EN" "http://www.w3.org/TR/xhtml1/DTD/xhtml1- ↵
transitional.dtd">
<html xmlns="http://www.w3.org/1999/xhtml">
<head>
<meta http-equiv="Content-Type" content="text/html; ↵
charset=UTF-8" />
<title>JavaScript編：間違いのあるプログラム</title>
<script type="text/javascript">
function viewMessage(message) {
        window.alertWrong(message);
}
</script>
<link href="/css/global.css" rel="stylesheet" ↵
type="text/css" media="all" />
</head>

<body>
<h1>JavaScript編：間違いのあるプログラム</h1>
<p>下のボタンを押してください。</p>
<form id="formMain" name="formMain" method="post" action="">
        <input name="buttonView" type="button" ↵
        id="buttonView" value="メッセージを表示する" ↵
        onClick="viewMessage('この文章が表示されます');" />
</form>
```

```
</body>
</html>
```

　実行して、ボタンをクリックしてもなにも起こりません。それは、プログラムに間違いが含まれているため、Webブラウザがプログラムを強制終了したのです。そこで、Firefoxの［ツール］→［JavaScriptコンソール］をクリックしてください。図4-6のようなウィンドウが表示され、次のようなメッセージが表示されています。

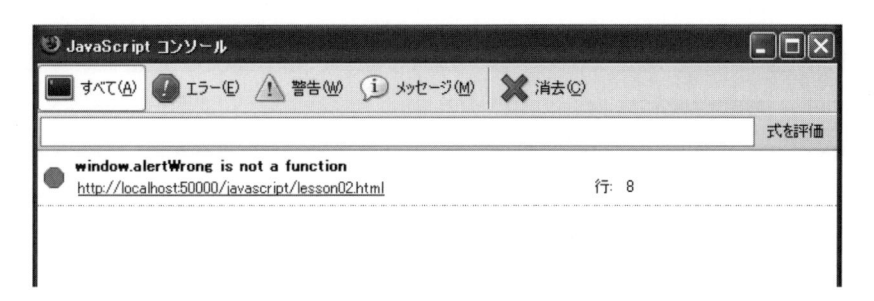

図4-6　JavaScriptコンソール

```
エラー: window.alertWrong is not a function
ソースファイル: http://127.0.0.1:50000/javascript/lesson01-3.html
行: 8
```

　これを見れば、8行目の「window.alertWrong」付近に間違いがあることがわかります。このプログラムで使った、alertWrongなどというメソッドは存在しません。このように、勘違いでプログラムを間違えた場合や、スペルミスをしてしまった場合でも、JavaScriptコンソールを使えばこのように発見することができます。
　もし、自分のJavaScriptプログラムがうまく動かないことがあったら、これを使ってみてください。

## Chapter 4-11　フォーム部品の扱い方

ユーザーがWebページ上で、情報を入力することができる「フォーム部品」。
ここでは、フォーム部品を使ったプログラムを紹介します。

　Webサイトで、ユーザーからの情報の入力を受け付ける場合に、フォーム部品を使います。フォーム部品には次の種類があります。

| HTMLタグ | 見た目の例 | 解説 |
| --- | --- | --- |
| `<input type="text"~` | テキストボックス | テキストボックス |
| `<input type="password"~` | ******* | パスワードボックス |
| `<input type="checkbox"~` | ☑チェックボックス ☐チェックボックス | チェックボックス |
| `<input type="radiobutton"~` | ●ラジオボタン ○ラジオボタン | ラジオボタン |
| `<input type="button"~` | ボタン | ボタン |
| `<input type="submit"~` | 送信ボタン | 送信ボタン |
| `<input type="reset"~` | リセットボタン | リセットボタン |
| `<textarea~` | 複数行対応テキストボックス | 複数行対応のテキストボックス |
| `<select~` | ドロップダウンリスト | リストボックス、ドロップダウンリスト |

　それでは、サンプルとしてテキストボックスにJavaScriptで値を表示するプログラムを作ってみましょう。次のようなプログラムを作成します。

`javascript/lesson03.html`

■ PROGRAM CODE

```
<!DOCTYPE html PUBLIC "-//W3C//DTD XHTML 1.0 ↵
Transitional//EN" "http://www.w3.org/TR/xhtml1/DTD/xhtml1- ↵
transitional.dtd">
<html xmlns="http://www.w3.org/1999/xhtml">
<head>
```

```html
<meta http-equiv="Content-Type" content="text/html; ↵
charset=UTF-8" />
<title>JavaScript編：テキストボックスに値を表示する</title>
<script type="text/javascript">
function setTextBox() {
        document.getElementById('textViewer').value = ↵
        'ここに指定したメッセージが表示されます';
}
</script>
<link href="/css/global.css" rel="stylesheet" ↵
type="text/css" media="all" />
</head>

<body>
<h1>JavaScript編：テキストボックスに値を表示する</h1>
<p>ボタンをクリックすると、テキストボックスにメッセージが表示されます。</p>
<form id="formMain" name="formMain" method="post" action="">
        <input name="textViewer" type="text" ↵
        id="textViewer" size="50" />
        <input name="buttonView" type="button" id= ↵
        "buttonView" value="表示する" onClick="setTextBox();" />
</form>
</body>
</html>
```

　実行して、ボタンをクリックすると左側にあるテキストボックスにメッセージが表示されます（図4-7）。テキストボックスオブジェクトの「value」というプロパティにメッセージをセットしています。valueプロパティは、そのオブジェクトがボタンの場合には「ボタンの表面に書かれているメッセージ」でしたが、テキストボックスの場合は「内容のメッセージ」です。このように、同じプロパティでもオブジェクトによって変わる場合があります。

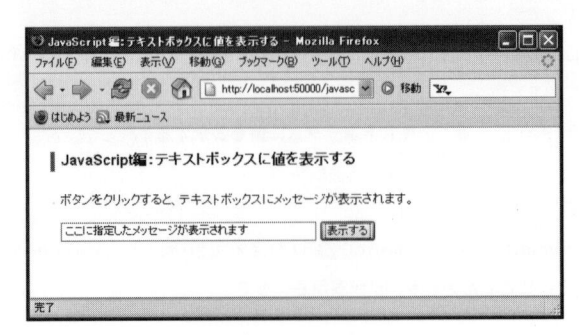

図4-7 実行画面

　また、プロパティは内容をセットすることもできますが、逆に現在セットされている内容を取得することもできます。次のようなプログラムを作ります。

javascript/lesson03-2.html

```
PROGRAM CODE
<!DOCTYPE html PUBLIC "-//W3C//DTD XHTML 1.0 ↵
Transitional//EN" "http://www.w3.org/TR/xhtml1/DTD/xhtml1- ↵
transitional.dtd">
<html xmlns="http://www.w3.org/1999/xhtml">
<head>
<meta http-equiv="Content-Type" content="text/html; ↵
charset=UTF-8" />
<title>JavaScript編：テキストボックスの値を取得する</title>
<script type="text/javascript">
function setAlert() {
        window.alert(document.getElementById('textInput'). ↵
        value);
}
</script>
<link href="/css/global.css" rel="stylesheet" ↵
type="text/css" media="all" />
</head>

<body>
<h1>JavaScript編：テキストボックスの値を取得する</h1>
```

```html
<p>ボタンをクリックすると、テキストボックスの内容をアラートボックスに表示します</p>
<form id="formMain" name="formMain" method="post" action="">
    <input name="textInput" type="text" id="textInput"
    size="50" />
    <input name="buttonSend" type="button" id="buttonSend"
    value="アラートボックスを表示します" onClick="setAlert();" />
</form>
</body>
</html>
```

　alertメソッドのパラメータとして、テキストボックスのvalueプロパティを指定しています。これで、アラートボックスの内容に、テキストボックスに入力した内容を表示させることができます（図4-8）。

図4-8　アラートボックスに入力内容が表示される

　このようにプロパティは、セットすることも取り出すこともできます。ただし、一部のプロパティで、セットすることしかできないものや、取り出すことしかできないものもありますので、注意する必要があります。
　次に、チェックボックスを操作してみましょう。次のようなプログラムを作ります。

javascript/lesson03-3.html

```
<!DOCTYPE html PUBLIC "-//W3C//DTD XHTML 1.0
Transitional//EN" "http://www.w3.org/TR/xhtml1/DTD/xhtml1-
transitional.dtd">
```

```
<html xmlns="http://www.w3.org/1999/xhtml">
<head>
<meta http-equiv="Content-Type" content="text/html; ↵
charset=UTF-8" />
<title>JavaScript編:チェックボックスにチェックをつける</title>
<script type="text/javascript">
function setCheck() {
        if(document.getElementById('checkDefault').checked ↵
        == true) {
                document.getElementById('checkDefault'). ↵
                checked = false;
                document.getElementById('buttonCheck'). ↵
                value = 'チェックをつける';
        }
        else {
                document.getElementById('checkDefault'). ↵
                checked = true;
                document.getElementById('buttonCheck'). ↵
                value = 'チェックをはずす';
        }
}
</script>
<link href="/css/global.css" rel="stylesheet" ↵
type="text/css" media="all" />
</head>

<body>
<h1>JavaScript編:チェックボックスのチェックをつける</h1>
<p>ボタンをクリックすると、チェックボックスのチェックがついたりはずれたりします。
</p>
<form id="formMain" name="formMain" method="post" action="">
        <p><label>
                <input name="checkDefault" type="checkbox" ↵
```

```
                        id="checkDefault" value="on" />
                        ON/OFFが切り替わるチェックボックス</label>
            </p>
            <p>
                        <input name="buttonCheck" type="button" ⏎
                        id="buttonCheck" value="チェックをつける" ⏎
                        onClick="setCheck();" />
            </p>
</form>
</body>
</html>
```

　実行するとボタンとチェックボックスが表示されています。ボタンをクリックすると、チェックボックスにチェックがつきます（図4-9）。少し複雑なプログラムですが、注意しながら見てみましょう。

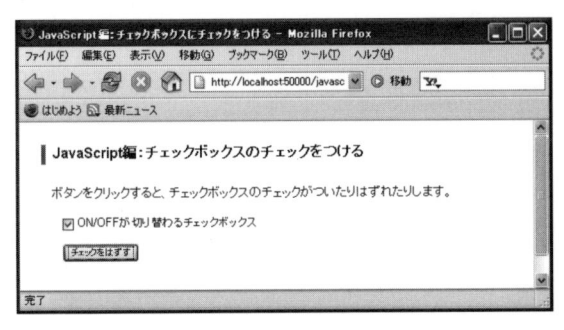

図4-9　ボタンをクリックするとチェックがつく

　チェックボックスのチェック状態を表すプロパティは、「checked」です。次のようにしてtrueまたはfalseをセットすれば、チェック状態を変化させることができます。

```
PROGRAM CODE
document.getElementById('checkDefault').checked = true;
```

　同じファンクションを使ってチェックをつけたりはずしたりするために、このプログラムでは if 構文を使って現在のチェック状態を判断し、チェックをつける／はずす

の判断をしています。

```
if(document.getElementById('checkDefault').checked == true) {
}
else {
}
```

同時に、ボタンの表面の文章も書き換えています。プロパティを使えば、このような高度なプログラムも可能になります。

```
document.getElementById('buttonCheck').
value = 'チェックをつける';
```

ほかのコントロールも同様に、プロパティを操作すれば自由に変化させることができます。いろいろなプログラムを試してみましょう。

## Chapter 4-12　レイヤーの扱い方

Ajaxに欠かせない存在のひとつが、このレイヤーです。
レイヤーを使えば、Webページを華やかに彩ることができます。

　JavaScriptでHTML自体を操作し、ページの内容を変化させるには「レイヤー」という考え方を覚える必要があります。次のようなプログラムを作ります。

javascript/lesson04.html

■ PROGRAM CODE
```
<!DOCTYPE html PUBLIC "-//W3C//DTD XHTML 1.0 ↵
Transitional//EN" "http://www.w3.org/TR/xhtml1/DTD/xhtml1- ↵
transitional.dtd">
<html xmlns="http://www.w3.org/1999/xhtml">
<head>
<meta http-equiv="Content-Type" content="text/html; ↵
charset=UTF-8" />
<title>JavaScript編：HTMLの内容を変化させる</title>
<script type="text/javascript">
function setLayer() {
        document.getElementById('layerMain').innerHTML = ↵
        '<p>ここにHTMLを記述すれば、ページ内容が変化します<br /> ↵
        <span style="color: LightSeaGreen; font-size: ↵
        1.5em">HTMLタグを記述することもできます ↵
        </span></p>';
}
</script>
<link href="/css/global.css" rel="stylesheet" ↵
type="text/css" media="all" />
</head>

<body>
<h1>JavaScript編：HTMLの内容を変化させる</h1>
<p>ボタンをクリックすると、下の内容が変化します</p>
```

```
<form id="formMain" name="formMain" method="post" action="">
        <input name="buttonChange" type="button" ↵
        id="buttonChange" value="下の内容を変化させる" ↵
        onClick="setLayer();" />
</form>
<div id="layerMain"> ここに、layerMainというレイヤーがあります。</div>
</body>
</html>
```

実行してボタンをクリックすると、ページ内容が書き換わります（図4-10）。
ポイントは、次のdivというタグです。

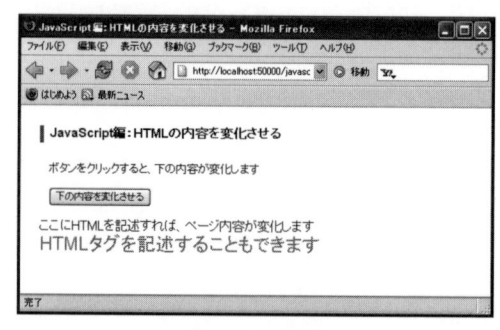

図4-10 実行画面

■ PROGRAM CODE

```
<div id="layerMain"> ここに、layerMainというレイヤーがあります。</div>
```

　divは「レイヤー」を定義することができます。レイヤー（Layer）には、「層」などの意味がありますが、ここでは「領域」という方がわかりやすいかもしれません。つまり、1つのページの内容をいくつかの領域に分けることができるのです。
　レイヤーを作っておけば、そのレイヤーの内容をJavaScriptで変化させることができます。変化させるレイヤーはID名で指定しますので、id属性を忘れずにつけます。これで、プロパティを変化させることができるようになります。レイヤーには、フォーム部品にはないプロパティとしてinnnerHTMLがあります。これは、HTMLをセットすることができるプロパティで、HTMLタグやスタイルシートなどを自由に使うことができます。これを利用すれば、ページ内容自体をJavaScriptでがらっと変えることもできるようになるのです。

さて、レイヤーが「層」という意味があるのには、重ね合わせることができるからです。次のようなプログラムを作りましょう。

javascript/lesson04-2.html

```
<!DOCTYPE html PUBLIC "-//W3C//DTD XHTML 1.0
Transitional//EN" "http://www.w3.org/TR/xhtml1/DTD/xhtml1-
transitional.dtd">
<html xmlns="http://www.w3.org/1999/xhtml">
<head>
<meta http-equiv="Content-Type" content="text/html;
charset=UTF-8" />
<title>JavaScript編：レイヤーを重ね合わせる</title>
<script type="text/javascript">
function moveLayer() {
        document.getElementById('layer2').style.top = '150px';
}
</script>
<link href="/css/global.css" rel="stylesheet"
type="text/css" media="all" />
</head>

<body>
<h1>JavaScript編：レイヤーを重ね合わせる</h1>
<p>ボタンをクリックすると、layer2がlayer1に重なります</p>
<form id="formMain" name="formMain" method="post" action="">
        <input name="buttonMove" type="button" id="buttonMove"
        value="レイヤーを移動する" onClick="moveLayer();" />
</form>
<div id="layer1" style="background-color: gray">
ここに、layer1というレイヤーがあります。</div>
<div id="layer2" style="position: absolute; background-
color: LightSeaGreen">ここに、layer2というレイヤーがあります。</div>
</body>
</html>
```

実行してボタンをクリックすると、layer2と書かれたレイヤーが、layer1の上に重なって表示されました（図4-11）。後から作られたレイヤーほど「上」に重なっていきます。

図4-11　レイヤーが重なって表示される

このレイヤーという考え方をうまく使うと、情報や画像を重ね合わせて表示させたりなど非常に高度な演出が可能になります。

本書の活用編である「もっとAjax」では、レイヤーを使って付箋紙を再現するプログラムを作成しています。そちらも参考にしてください。

## Chapter 4-13　JavaScriptを外部ファイルにする方法

JavaScriptのプログラムが大規模になってきたら、外部ファイルにすると便利です。
簡単な方法で外部ファイルにすることができます。

　これまでのサンプルでは、JavaScriptをHTMLファイルに直接書き込んでいました。しかし、実際にはこのようにJavaScriptを書き続けていくと膨大な量になってしまい、HTMLファイルが見にくくなってしまいます。
　そこで、通常はプログラム部分だけを別ファイルに保存してリンクさせます。次のようなプログラムを作りましょう。

javascript/lesson05.html

PROGRAM CODE

```
<!DOCTYPE html PUBLIC "-//W3C//DTD XHTML 1.0
Transitional//EN" "http://www.w3.org/TR/xhtml1/DTD/xhtml1-
transitional.dtd">
<html xmlns="http://www.w3.org/1999/xhtml">
<head>
<meta http-equiv="Content-Type" content="text/html;
charset=UTF-8" />
<title>JavaScript編：一番基本的なプログラム（外部ファイル）</title>
<script type="text/javascript" src="lesson05.js"></script>
<link href="/css/global.css" rel="stylesheet"
type="text/css" media="all" />
</head>

<body>
<h1>JavaScript編：一番基本的なプログラム（外部ファイル）</h1>
<p>下のボタンを押してください。</p>
<form id="formMain" name="formMain" method="post" action="">
        <input name="buttonView" type="button"
        id="buttonView" value="メッセージを表示する"
        onClick="viewMessage('この文章が表示されます');" />
```

```html
        </form>
    </body>
</html>
```

javascript/lesson05.js

```javascript
function viewMessage(message) {
        document.formMain.buttonView.value = ↵
        'メッセージが表示されました';
        window.alert(message);
}
```

scriptタグにsrc属性が増えています。また、内容がすべて消えています。

```html
<script type="text/javascript" src="lesson05.js"></script>
```

ここで指定したファイルに、JavaScriptの内容だけを記述しておくと、外部ファイルにすることができます。こうして、HTMLファイルをスッキリとさせることができるのです。
　ディレクトリが違う場合には、相対パスやルート相対パスなどを使って指定することができます。

例：

```html
<script type="text/javascript" src="../../sample5.js">
<script type="text/javascript" src="/script/sample5.js">
```

## Chapter 4-14　変数を使ったプログラム

プログラム言語には欠かせない存在のひとつ、変数。
一時的な情報を保存しておくためのしくみです。

　プログラムには「変数」という重要な要素があります。変数は、後で利用したい情報を一時的に保存しておくことができるという仕組みです。JavaScriptにももちろん、このような仕組みが備わっています。次のようなプログラムを作ってみましょう。

javascript/lesson06.html

PROGRAM CODE
```
<!DOCTYPE html PUBLIC "-//W3C//DTD XHTML 1.0 ↵
Transitional//EN" "http://www.w3.org/TR/xhtml1/DTD/xhtml1- ↵
transitional.dtd">
<html xmlns="http://www.w3.org/1999/xhtml">
<head>
<meta http-equiv="Content-Type" content="text/html; ↵
charset=UTF-8" />
<title>JavaScript編：一番基本的なプログラム（変数を使う）</title>
<script type="text/javascript">
function viewMessage() {
        var memoryMessage = "変数に保管したメッセージです";
        document.formMain.buttonView.value = ↵
        'メッセージが表示されました';
        window.alert(memoryMessage);
}
</script>
<link href="/css/global.css" rel="stylesheet" ↵
type="text/css" media="all" />
</head>

<body>
<h1>JavaScript編：一番基本的なプログラム（変数を使う）</h1>
<p>下のボタンを押してください。</p>
```

```
<form id="formMain" name="formMain" method="post" action="">
    <input name="buttonView" type="button" ↵
        id="buttonView" value="メッセージを表示する" ↵
        onClick="viewMessage();" />
</form>
</body>
</html>
```

ボタンをクリックすると、アラートボックスが表示されます（図4-12）。

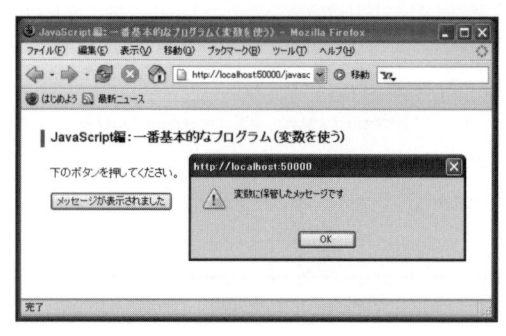

図4-12　アラートボックスが表示される

　しかし、メッセージはパラメータでは指定していません。memoryMessageという変数を使っています。

■ PROGRAM CODE
```
var memoryMessage = "変数に保管したメッセージです";
```

　変数を使うためには、varというキーワードの後に「変数名」を指定します。そして、そこに保管しておきたい情報をセットします。すると、その「変数名」を使って、後から何度でもその情報を引き出すことができるわけです。
　変数を使うと、プログラムの流れが複雑でも情報をすっきりとやりとりできるようになります。

## 消えたlanguage属性　　　　　　　　　　　　　　　　　　　COLUMN

　JavaScriptプログラミングに慣れた方は、本書のサンプルプログラムにlanguage属性がないことに驚かれるかもしれません。確かに、JavaScriptの開始タグはこれまで、次のように記述していました。

```
<script language="JavaScript">
```

　しかしHTML4.0というバージョンから、language属性は不適切とされて代わりにtype属性で、そのスクリプトの内容を指定するようになりました。ただし、まだtype属性に対応していないブラウザも存在するため、実際の運用ではlanguage属性と併用した方がよいかもしれません。

## JavaScriptのソースは丸見え　　　　　　　　　　　　　　　COLUMN

　JavaScriptをHTMLに直接記述した場合、Webブラウザのソース閲覧を使い、プログラム内容を見られてしまいます。とはいえ、たとえ外部ファイルにしたとしても、隠すことはできません。たとえば、次のように外部ファイルにしたJavaScriptを見てみましょう。

```
<script type="text/javascript" src="lesson05.js"></script>
```

　Webブラウザのソース閲覧では見えなくなりますが、URLに次のように記述するだけで簡単に閲覧できてしまいます。

```
http://localhost:50000/javascript/lesson05.js
```

　というわけで、もしJavaScriptでログイン認証などを行う場合でも、パスワードをJavaScriptに直接書き込んだりしてはいけません。注意しましょう。

Part III　腕試し編

# Chapter 5
## MySQL

## Chapter 5-1　データベースとは

データベースは、大量のデータを保管することができるソフトウェアのことです。
そのデータを検索したり集計したりして、活用することができます。

　本書で使う「MySQL」は「データベースソフトウェア」の一種です。大量のデータを効率よく管理するためのソフトウェアで、複雑なデータ処理を高速に行うことができます。
　PostgreSQLやSQLiteなどの無料製品、Microsoft Access、File Makerなどのパーソナル製品、Oracle DatabaseやMicrosoft SQL Serverなどの高額製品などがあります。
　一口にデータベースといっても、種類はいくつかありますが、現在主流なのは「リレーショナルデータベース」と呼ばれるものです。データを「テーブル」という単位で管理し、「SQL（エスキューエル）」という専用のプログラム言語を使ってデータを処理していきます。
　テーブルは、Microsoft Excelなどの表計算ソフトに似た形式を持ち、データを横列と縦列で管理します。表計算ソフトに慣れた方なら、直感的に構造が理解できるのが特徴です。ただし、表計算ソフトでは縦軸を「行」、横軸を「列」などと呼びますが、データベースの場合は横軸にあたる物を「レコード」、縦軸を「フィールド」と呼ぶので注意が必要です（図5-1）。

|  | レコード |  |  |
| --- | --- | --- | --- |
| フィールド |  |  |  |
|  |  |  |  |
|  |  |  |  |

図5-1　レコードとフィールド

　それでは、次からは実際にMySQLを操作しながら、データベースの使い方を見ていきましょう。

## Chapter 5-2　MySQLの操作方法

データベースソフトの中でも、Webプログラムでよく使われるのがMySQLです。
ここでは、MySQLの操作方法を紹介します。

　MySQLを操作するためには、データベース操作ソフトを使う必要があります。データベースというソフトウェアは、通常のビジネスソフトなどと違い、ユーザーがデータベースを操作できるソフトが付属していない場合があります。
　前節で紹介したとおり、データベース自体はSQLという専用のプログラム言語を使って操作するため、これを理解していれば「コンソール」と呼ばれる、SQLを送信するための仕組みさえあれば十分だからです。
　しかし、SQLでデータベースを操作するのには慣れが必要な上、操作した結果などがすぐにわからないので、最初のうちは非常に苦労するかもしれません。そのため、「操作ソフト」と呼ばれるソフトウェアを使うのが一般的です。
　MySQL用でもオフィシャルソフトを含めて、無料・有料問わずさまざまな種類の操作ソフトがあります。ここでは、中でも非常に人気の高い操作ソフトである「phpMyAdmin（ピーエイチピー・マイ・アドミン）」を使います。XAMPPやMAMPをインストールすれば、自動的にインストールされます。
　まずは、phpMyAdminを起動してみましょう。次のURLをWebブラウザで開いてください。

Windowsの場合：http://localhost/phpmyadmin/
Macの場合：http://localhost:8888/phpMyAdmin/

　図5-2が表示されれば起動完了です。ここから、MySQLを操作することができます。

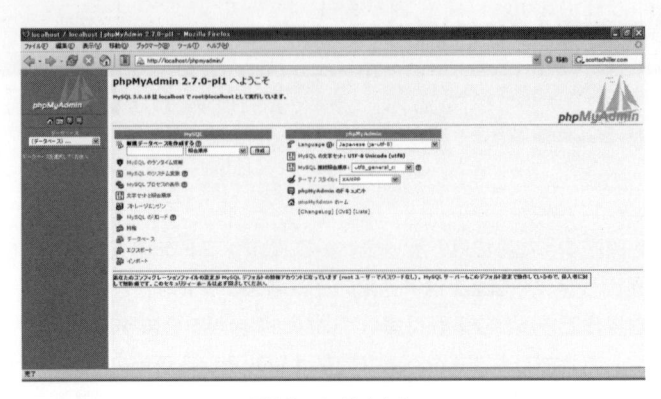

図5-2　phpMyAdmin

---

### MySQLの操作ソフト　　COLUMN

　MySQLには、「MySQL Query Browser」というオフィシャルソフトが用意されています。phpMyAdminがWebブラウザから操作するのに対し、MySQL Query BrowserはWindows、Mac、Linuxに対応したソフトウェアです。

　無料で使うことができますが、英語版しか準備されておらず、またデータを編集しても日本語はうまく編集できないようです。今後の開発に期待しましょう。興味がある方は、次のURLからダウンロードしてください。

```
http://dev.mysql.com/downloads/
```

※ MySQL Toolsというコーナーにあります。

## Chapter 5-3　SQLとは

SQL（Structured Query Language）は、データベースを操作するための専用言語です。
簡単な英単語の組み合わせで、データを活用することができます。

　MySQLという名前にも含まれている「SQL（Structured Query Language）」というのは、データベースを操作するための専用プログラミング言語のことです。データの操作はもちろん、テーブルの作成や消去、ユーザーの作成やパスワードの変更等々、データベースの操作はすべてこのSQLを使って行うことができます。

　SQLは、「世界標準規格」に定められている基本的なSQLと、各データベースメーカーが独自に拡張したSQLがあり、世界標準規格のSQLは、MySQLを初めとしたすべてのデータベースで共通して利用することができます。

　それでは、データベースの作成を例にとって、SQLの作り方を紹介しましょう。まずは、phpMyAdminを起動します。図5-3のボタンをクリックすると、小さなSQL入力ウィンドウが表示されます。このテキストボックスに、次のように打ち込んで[実行する]ボタンをクリックします。

```
PROGRAM CODE
CREATE DATABASE ajax_test;
```

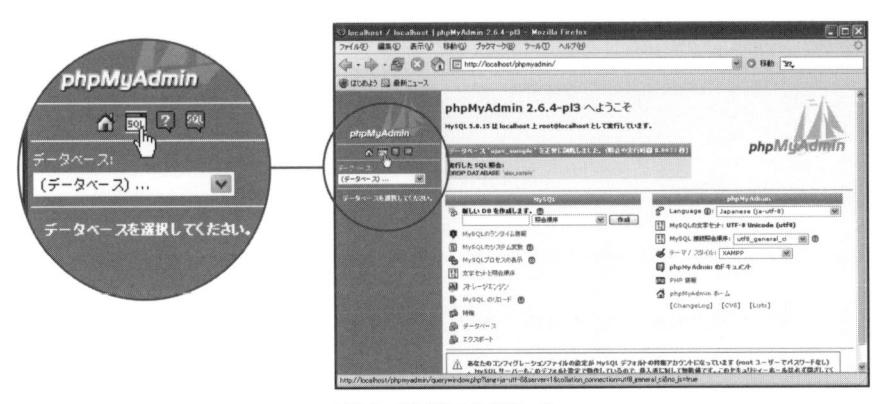

図5-3　実行ボタンをクリック

　すると、Webブラウザが再読込されます。データベース一覧（図5-4）を開くと、今作ったajax_testというデータベースが表示されるのがわかります。これが「デー

タベースを作る」というSQLです。『CREATE DATABASE』が「データベースを作る」という命令で、その後に続いて書かれているキーワードが、作るデータベース名になります。このように、SQLは、ほかのプログラミング言語に比べても、非常に簡単に作られています。

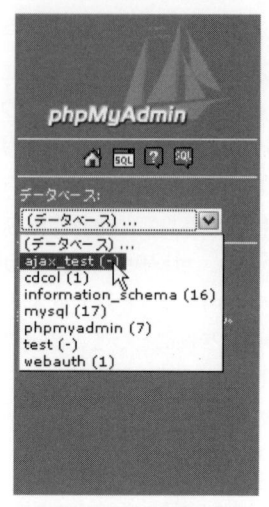

図5-4 データベースが表示される

なお、SQLは大文字でも小文字でも動作します。しかし、一般的に大文字で書くこととされていますので、本書でも大文字を使います。

Chapter 5-4 データベーススペースの作成

データベースにデータを保存するためには、そのための「データベーススペース」が必要です。
SQL: CREATE DATABASE

　Chapte 5-3で作ったデータベースとはなんでしょうか。ちょっとややこしいですが、ここでいう「データベース」は、これまで説明してきたソフトウェアの種類としての「データベース」とはちょっと違います。

　データベースというソフトウェアは、テーブルという単位でデータを管理すると説明しました。さらに、このテーブルはいくつかまとめて保管するスペースを作ることができます。これを、MySQLでは「データベース」と呼んでいるのです。

　そこで、本書ではややこしくならないように、このようにテーブルをまとめて管理するための「データベース」を、特別に「データベーススペース」と呼んで分類します。

　MySQLには、最初から「mysql」と「test」という2つのデータベーススペースが準備されています。また、XAMPPには「information_schema」、「cdcol」、「webauth」の3つがデモプログラム用として作成されています。

　自分で新しくデータベースを使うときは、まずデータベーススペースを作るところから始めます。Chapter 5-3でSQLを使った作成方法を紹介しましたが、ここからはphpMyAdminの機能を使って作っていきましょう。

　phpMyAdminを起動するか、図5-5のホームボタンをクリックしてトップページを表示してください。図5-6に新しいDBを作成します。という欄があるので、ここに次のように打ち込みます。『照会順序』という選択肢からは「utf8-general-ci」を選択します。［作成］ボタンをクリックしてください。

図5-5　ホームボタンをクリック

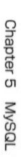

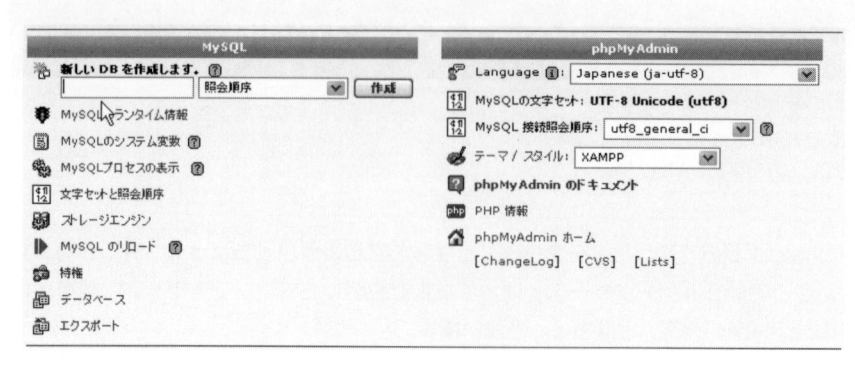

図5-6 ajax_sampleの作成

---

■ PROGRAM CODE

```
ajax_sample
```

すると、画面が変わってデータベーススペースが作られます。このとき、画面の上部にはこのとき作られたSQLが表示されています。phpMyAdminが、ユーザーの操作に応じてSQLを作っていることがよくわかります（図5-7）。

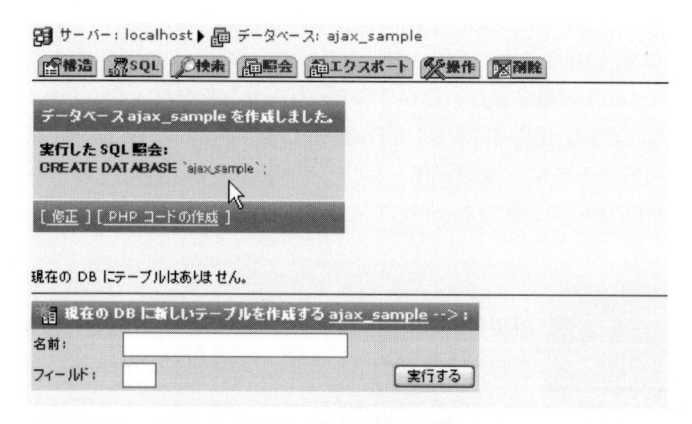

図5-7 データベースajax_sampleが作成される

次に、Chapter 5-3でSQLを使って作ったデータベーススペースを削除しておきましょう。データベース一覧からajax_testを選択します。図5-8の［削除］タブをクリックして、［OK］ボタンをクリックすればデータベーススペースが削除されます。ここで作成されるSQLは、次のようになっています。

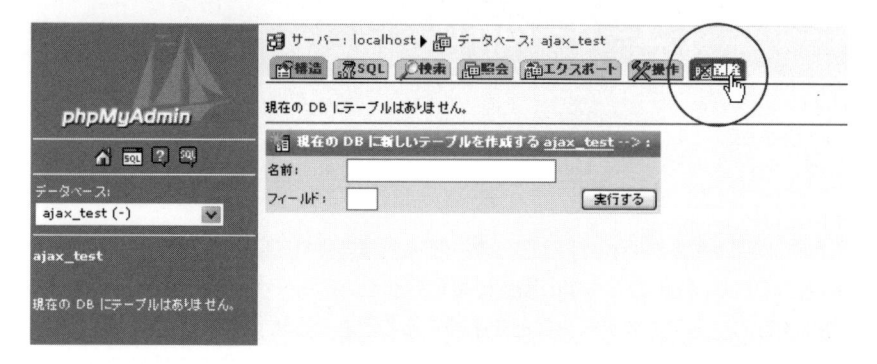

図5-8　ajax_testを削除

PROGRAM CODE

```
DROP DATABASE ajax_test;
```

ただし、このSQLはphpMyAdminのSQLウィンドウでは実行することができません。これは、危険な操作なために実行を制限しているためです。図5-9のようなエラーメッセージが表示されます。

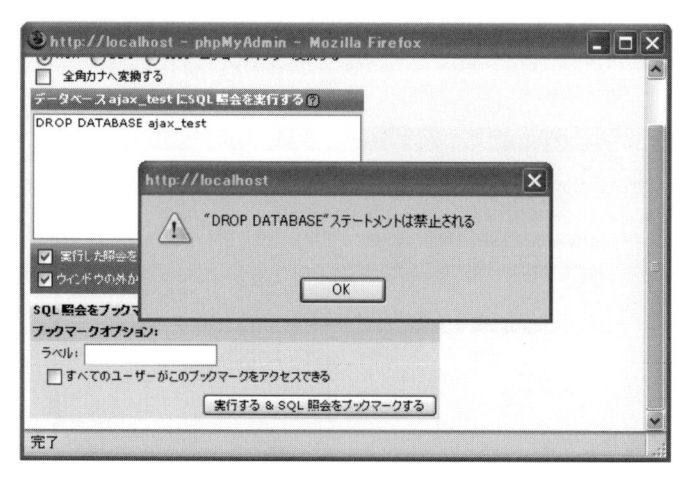

図5-9　エラーメッセージ

## Chapter 5-5 ユーザーの作成

データベーススペースを作ったら、そのスペースを利用するユーザーを作成します。
SQL: GRANT

---

MySQLには標準で「root」というユーザーが準備されています。このユーザーは、その名の通りMySQLのすべての操作権限を持っているユーザーで、たとえばMySQLが動作するのに不可欠なデータなどを削除することもできます。

そのため、rootユーザーでMySQLを日常的に利用するのは非常に危険です。一般的には別途ユーザーを作成し、それを使います。ここでは、次のようなユーザーを作成して、これを使うようにしましょう。

phpMyAdminのトップページを表示して、図5-10にある『特権』をクリックします。『ユーザーの追加する』をクリックすると（図5-11）、設定画面が表示されるので、次のように入力して［実行する］ボタンをクリックしてください。

ユーザー名：ajax
ホスト：（空白のまま）
パスワード：123456
再入力：123456

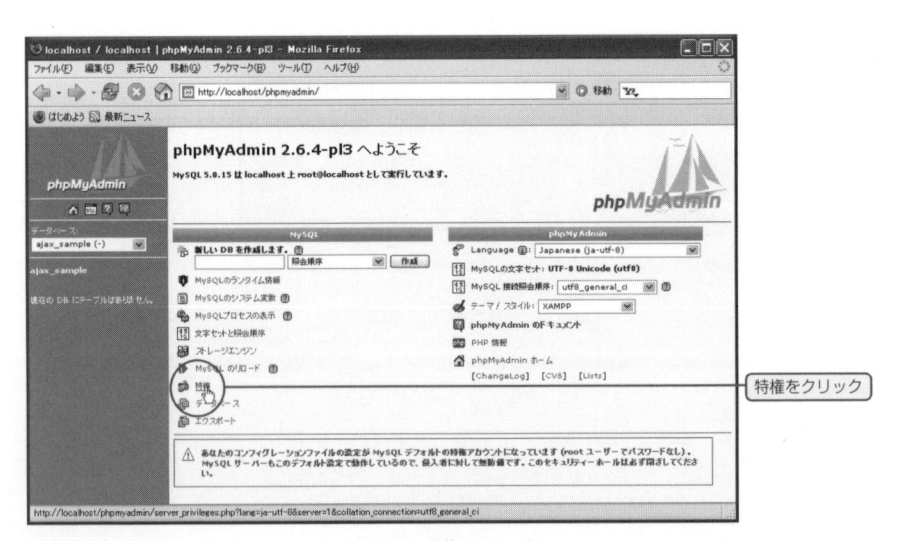

図5-10　特権をクリック

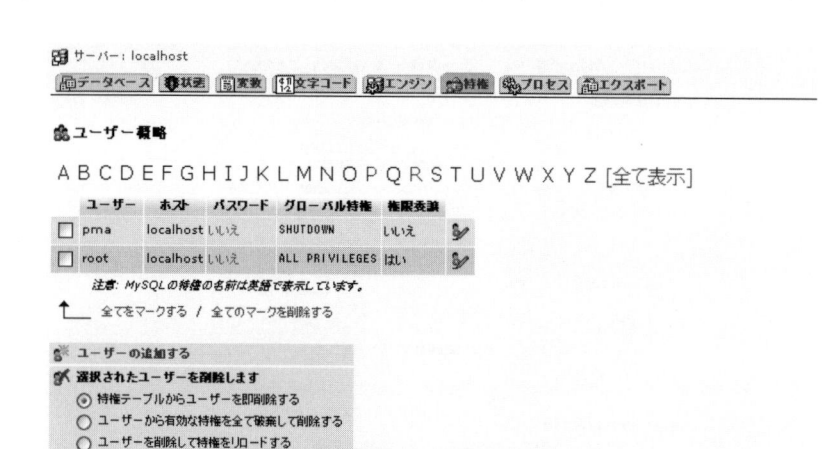

図5-11　ユーザー概略画面

続いて、権限設定画面が表示されます。

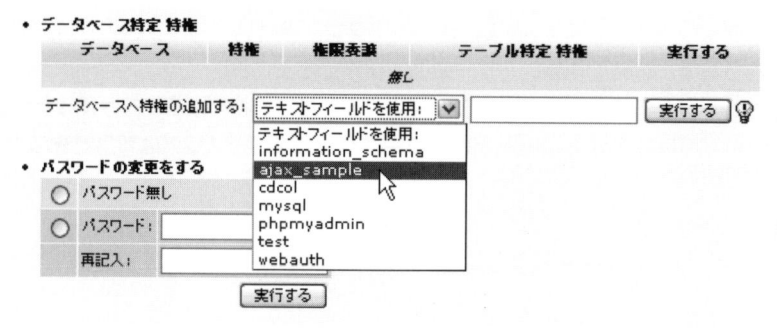

図5-12　データベース特定特権でajax_sampleを選択

「データベース特定特権」のドロップダウンリストから「ajax_sample」を選択します（図5-12）。画面が切り替わって、権限設定画面になります（図5-13）。

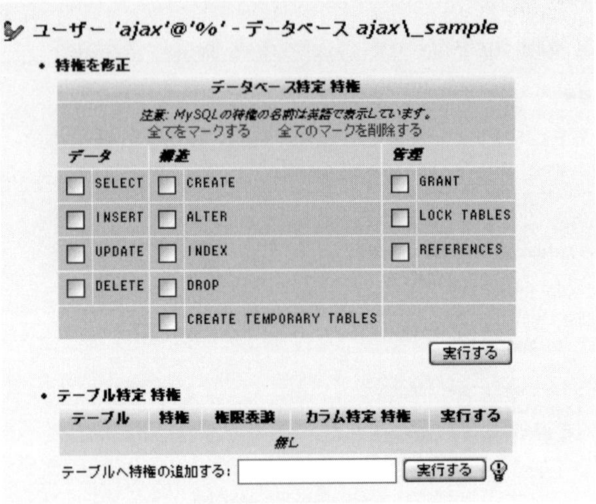

図5-13 権限設定画面

　そして、『全てをマークする』リンクをクリックしてください。チェックボックスすべてにチェックが入ります。［実行する］ボタンを押せば、ユーザーの作成は完了です。こうして、自分で作るユーザーには、操作できるデータベーススペースやテーブルなどを指定することで、危険な操作を防ぐことができるわけです。今作ったajaxというユーザーは、ajax_sampleというデータベーススペース以外は利用できなくなります。

## Chapter 5-6　テーブルの作成

データベーススペースとユーザーを作成したら、データを格納するテーブルを作ることができるようになります。
SQL: CREATE TABLE

　データベーススペースができあがったら、次にテーブルを作ることができます。phpMyAdminを起動してください。左側のドロップダウンリストから、ajax_sampleを選択します。テーブルが1つもないデータベーススペースを選択すると、最初からテーブル作成を促す画面が表示されますので、ここに図5-14のようにテーブル名を「item_table」、フィールドの数を「3」と入力してください。次にフィールド設定画面が表示されます。下の表の通りに設定してください。

| フィールド | フィールドタイプ | 長さ／セット | 空の値 | 追加する | | | | | |
|---|---|---|---|---|---|---|---|---|---|
| item_id | INT | | not null | auto_increment | ◉ | ○ | ○ | ○ | □ |
| name | VARCHAR | 255 | not null | | ○ | ○ | ○ | ◉ | □ |
| price | INT | | not null | | ○ | ○ | ○ | ◉ | □ |

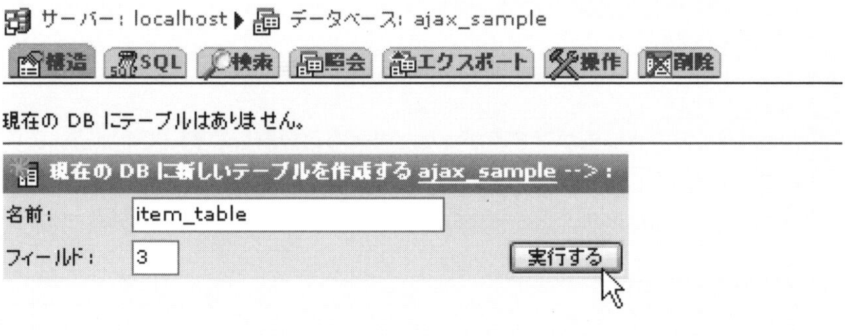

図5-14　テーブルitem_tableを作成する

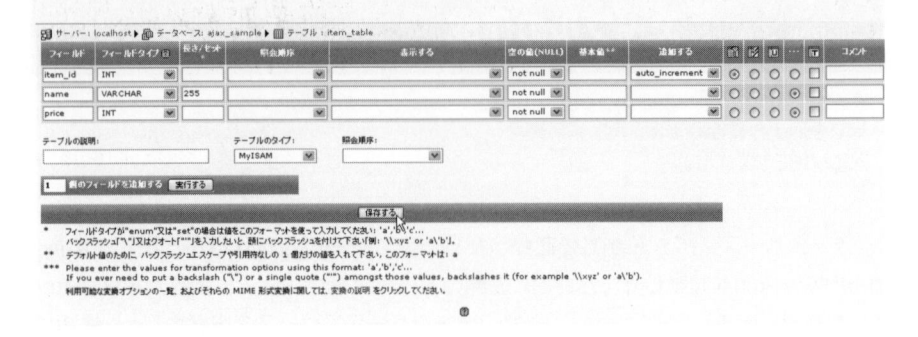

図5-15 フィールドを設定する

［保存する］ボタンを押すと（図5-15）、画面左側にテーブルの一覧が表示されます。これをクリックすると、今作ったテーブル構造を見ることができます。これで、テーブルができあがりました。作られたSQLは次のようになっています。

```
CREATE TABLE 'item_table'(
        'item_id' INT NOT NULL AUTO_INCREMENT,
        'name' VARCHAR(255) NOT NULL,
        'price' INT NOT NULL,
        PRIMARY KEY('item_id')
) TYPE=MYISAM;
```

今、図5-16のような表ができあがったと考えると理解しやすいでしょう。ここで設定した「INT」や「VARCHAR」とはなんでしょうか。Chapter 5-7でこれを説明しましょう。

| item_id | name | price |
| --- | --- | --- |
|  |  |  |

図5-16 作成した表のイメージ

## Chapter 5-7　フィールドと型

テーブルを作るときは、そのデータの種類を決める必要があります。
このCapter5-7は、Chapter5-6とあわせてご覧ください。

　フィールドは、作るときに名前とその「型」を指定する必要があります。型とは、そのフィールドに格納されるデータの「種類」を指定するもので、この種類をあらかじめ特定してあるため、データベースは高速なデータ処理を可能にしています。型にはさまざまな種類があるのですが、最初のうちによく使うのは次の型になります。

INT――――――整数型。数字だけを追加することができる。
VARCHAR――文字列型。文字数がかぎられた文章を追加することができる。フィールドを作るときに1~255文字で文字数を指定する。
TEXT――――― テキスト型。文字数をかぎらずに追加することができる。長文が必要な場合に利用する。
DATE―――――日付型。
DATETIME――日付と時刻を両方記録することができる。

　VARCHAR型の場合、制限文字数を指定する必要があります。一見すると、どんなデータが追加されても良いように、十分大きな文字数を指定しておきたいところですが、データ量が増えてしまいますし、データ処理に時間がかかる場合もありますので、ある程度考えながら作る必要があります。たとえば、郵便番号や電話番号の場合は、それぞれ7文字、15文字程度で十分です。
　item_idというフィールドにはINT型のほかに、次のようなオプションが付加されていました。

```
INT AUTO_INCREMENT
```

　これは、「オートインクリメント」といい、データが追加される度に1から順番に番号を付けてくれる自動処理のためのオプションです。データベースは、通常このように各データに連番を付加することで、一件のデータを特定することが多く、このようなフィールドを特別に「プライマリーキー（一番大切な鍵）」と呼びます。AUTO_INCREMENTオプションは、プライマリーキーにのみ付加することができ、

phpMyAdminで鍵マークのラジオボタンにチェックしたのは、このプライマリーキーの指定です。SQLでは次の部分になります。

PROGRAM CODE

```
PRIMARY KEY('item_id')
```

## Chapter 5-8 新しいデータの追加

作ったテーブルに新しいデータを追加します。テーブルを作ってから行いましょう。
SQL: INSERT INTO

　作ったテーブルには、データを追加することができます。図5-17の［追加］タブをクリックしてください。標準で、2件ずつデータを追加することができますが、1件だけでももちろんかまいません。図5-18のように入力して［実行する］ボタンをクリックしてみましょう。作成されるSQLは、次のようになります。

［追加］タブをクリック

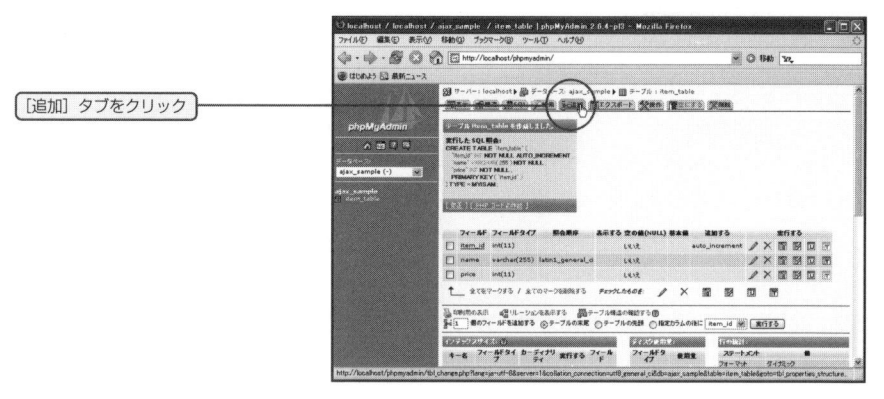

図5-17　追加タブをクリック

図5-18　実行

■ PROGRAM CODE

```
INSERT INTO 'item_table'('item_id', 'name', 'price')
VALUES(
        '','鉛筆','100'
);
```

　図5-19の［表示］タブをクリックすると、追加したデータを見ることができます（図5-20）。同じように次ページの表のようなデータを追加してください。表示画面で図5-21のようになります。

［表示］タブをクリック

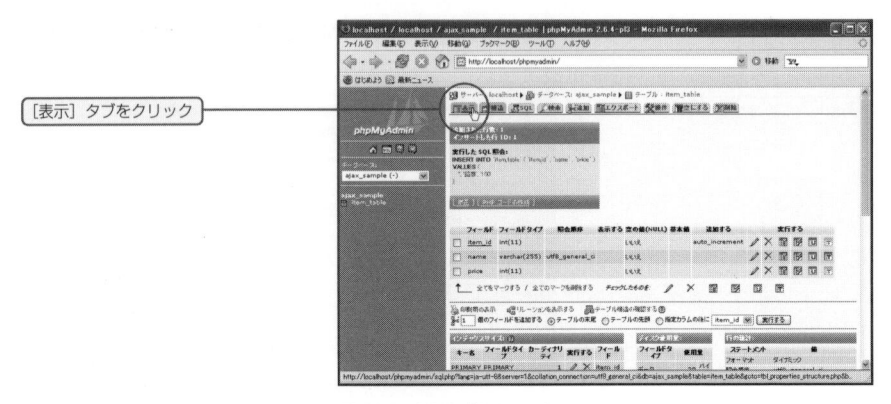

図5-19　表示タブをクリック

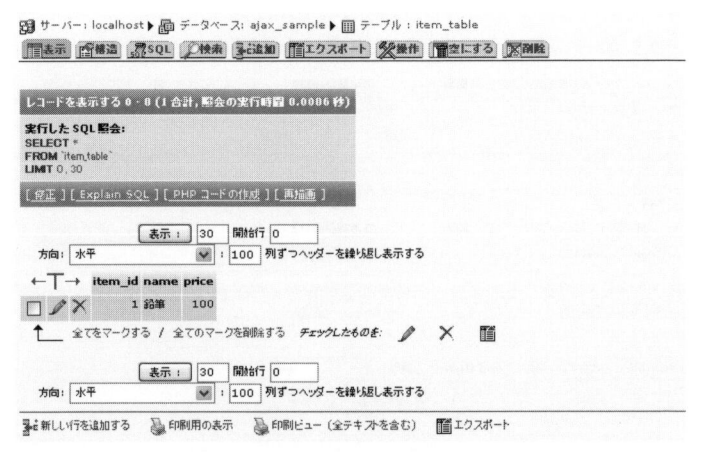

図5-20　追加したデータ

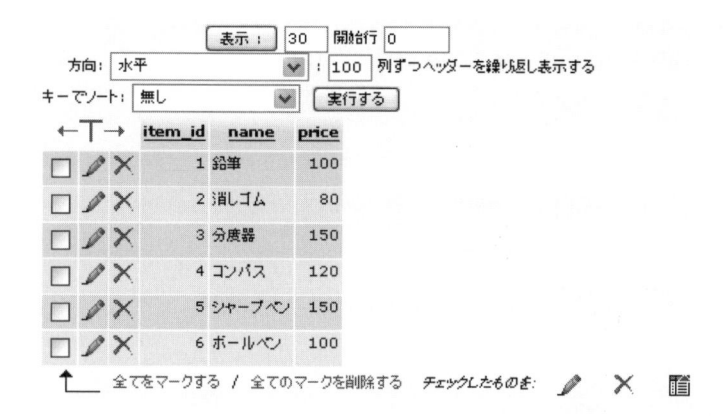

| item_name | price |
|---|---|
| 消しゴム | 80 |
| 分度器 | 150 |
| コンパス | 120 |
| シャープペン | 150 |
| ボールペン | 100 |

図5-21　表示画面

Chapter 5-9 : データの変更

追加したデータの内容を変更します。
SQL: UPDATE

　データを追加するときに間違えてしまったり後から変更したりしたいときは、データの表示画面で、変更したいデータのある編集アイコンをクリックします（図5-22）。たとえばここでは、「消しゴム」の価格を90円に変更してみましょう。
　まずは、図5-22の編集アイコンをクリックして変更画面を表示し、価格の欄を90に変更し［実行する］ボタンをクリックします。作成されるSQLは次のようになります。

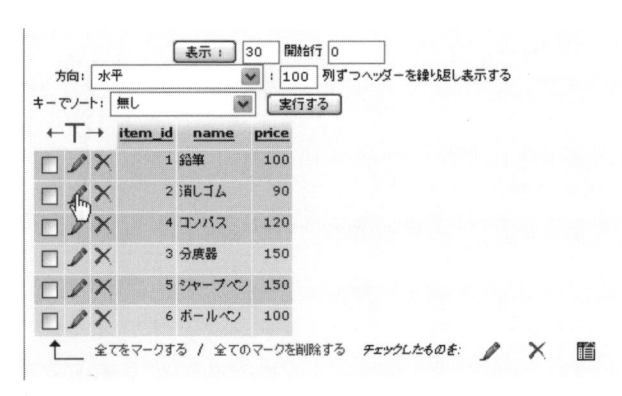

図5-22　編集アイコンをクリックし、価格を90円に変更

PROGRAM CODE

```
UPDATE 'item_table' SET 'price'='90' WHERE item_id=2 LIMIT 1;
```

　［表示］タブをクリックすると、データが変更されていることが確認できると思います。なお、SQLの最後にある「LIMIT」というキーワードは、「1件にかぎる」という意味で、万一条件などを間違えて関係のないデータが編集されてしまうのを防ぐためのものです。

## Chapter 5-10 データの削除

不必要になったデータを削除することができます。
SQL: DELETE

いらないデータを削除するには、図5-23の削除アイコンをクリックします。また、まとめて削除したいときには、各データの左側にあるチェックボックスをチェックして、まとめて削除することもできます。

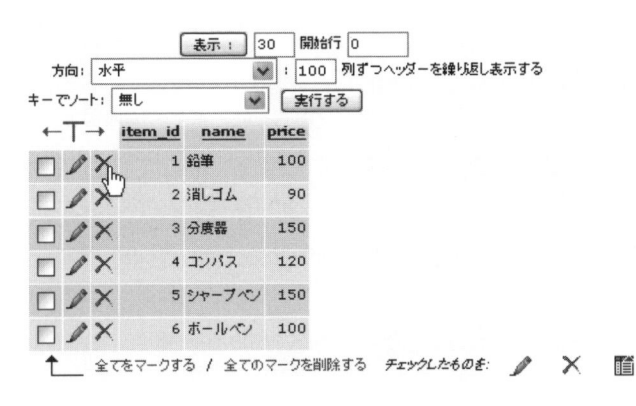

図5-23 削除アイコンをクリック

ここでは、分度器とコンパスの2つのデータを削除してみましょう。両方にチェックをつけて削除アイコンをクリックします。確認画面が表示されるので、[はい]をクリックすると削除されます。ここで作成されるSQLは次のようになります。

```
DELETE FROM 'item_table' WHERE 'item_id'=3 LIMiT 1;
```

[表示] タブをクリックすると、データが削除されていることが確認できます。

## Chapter 5-11 データの検索

データベースの中から、条件を指定してデータを検索することができます。
SQL: SELECT

データベースの最大の魅力は、なんと言っても高機能な検索機能にあります。Webサイト上で日常利用している、Yahoo! JAPANなどの検索サイトや、楽天市場などのオンラインショッピングサイトの商品検索など、データベースを使った検索の仕組みは、数え上げたらきりがありません。

データベースでの検索は、非常に強力で高速です。SQLを少し覚えれば、データベースの便利さを実感できるでしょう。実際に試してみてください。

それでは、MySQLで確認してみましょう。図5-24の[検索]タブをクリックします。フィールド名が並んだ画面が表示されます。検索の基本は、この各欄に検索したいキーワードを入力することから始まります。次の例を参考にしてください。

[検索]タブをクリック

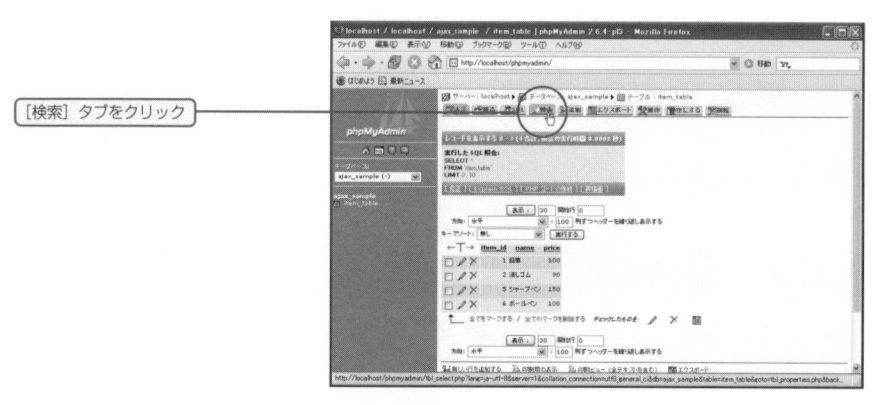

図5-24 検索タブをクリック

### 完全一致検索

まず、検索の一番の基本は「完全一致検索」です。指定した条件に合致するデータだけを検索することができます。たとえばitem_nameフィールドの値テキストボックスに、「鉛筆」と入力して[実行]ボタンをクリックしてください。鉛筆のデータが表示されます。

## 大小検索

　次は数字で、「以上」「以下」といった検索をしてみましょう。priceフィールドの『操作』ドロップダウンリストをクリックして「>=」をクリックしてください。値テキストボックスに「100」と入力して、[実行]ボタンをクリックします。すると、価格が100円以上の商品だけを一覧することができます。

## 部分一致検索

　データベースのもっとも強力な機能が、この部分一致検索です。nameフィールドの『操作』ドロップダウンリストで「LIKE '%...%'」という選択肢を選択してください。値テキストボックスに「ペン」と入力します。
　すると、シャープペンやボールペンなど、商品名に「ペン」とつく情報がすべて一覧されます。

## 組み合わせ検索

　最後に、これらを組み合わせて検索してみましょう。nameで「ペン」の部分一致検索、価格で150円以下の大小検索を行います。すると、150円以上で「ペン」と名前に含まれる「シャープペン」だけが表示されます。
　このように、データベースは複雑な検索条件を一瞬で解析して、データを取り出してくれます。たとえデータが数十万件登録されていても、ほとんど一瞬でデータを取り出すことも可能なのです。

## Chapter 5-12 リレーショナルデータベースとリレーションシップ

MySQLは、データベースの中でも「リレーショナルデータベース」という種類のものです。
テーブルを複数組み合わせて使うことができます。

　データベースのもう一つの魅力は、テーブルを単独で利用するのではなく、複数のテーブルを組み合わせて利用できる「リレーション」という考え方です。
　たとえば、今作っているitem_tableを使ってショッピングサイトを作ったとします。このとき、売り上げを管理するために、商品が売れる度にそのデータを記録しておきたいとしたらどうしたらよいでしょう。
　さまざまな方法がありますが、ここでは「売り上げ管理テーブル」を作成して、売り上げデータはそのテーブルに記録していくことにします。次のようなテーブルを作ってみてください。

```
item_log_table
log_id      INT     PRIMARY KEY
item_id     INT
count       INT
```

　売り上げ管理テーブルには、商品の名前や価格は記録していません。代わりに、item_idという管理番号だけを記録します。
　たとえば、鉛筆が1本売れたとしたら、item_log_tableには次のようにデータを追加します（図5-25）。

　もう1本売れたときは、データの変更を行ってcountフィールドの値を1から2に変更して保存します。こうして、売り上げを管理していきます。たとえば、このように運用して次のような売り上げ状況になったとします。（図5-26）

| | |
|---|---|
| 鉛筆 | 10個 |
| 消しゴム | 5個 |
| シャープペン | 2個 |

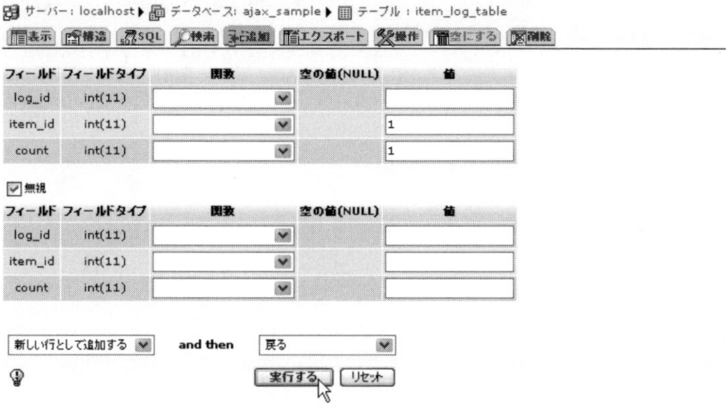

図5-25　追加データ

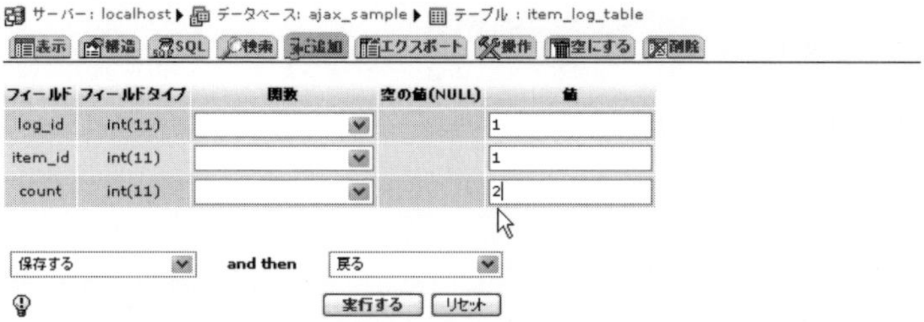

図5-26　売上データ

　この売り上げデータをデータベースで閲覧すると、図5-27のようになります。
　しかし、これではどの商品IDがどの商品なのかを知っていないと、見づらいデータになってしまいます。
　そこで、まずはSQLボタンクリックして、SQL入力ウィンドウを表示してください。次のようにSQLを打ち込みます。

PROGRAM CODE

```
SELECT * FROM item_table, item_log_table WHERE
item_table.item_id=item_log_table.item_id
```

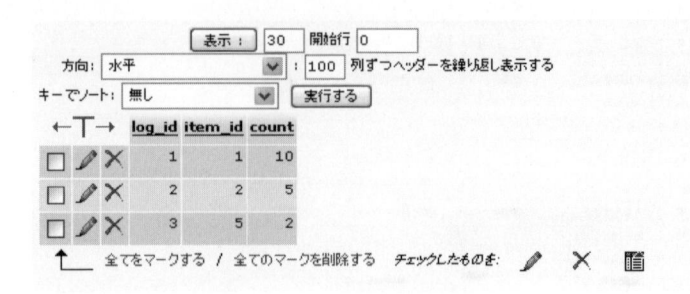

図5-27 データベース画面

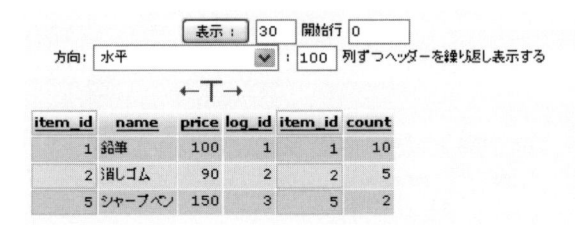

図5-28 実行画面

　［実行する］ボタンをクリックすると、図5-28のようになります。非常に見やすい表になりました。これが、「リレーションシップ」です。このようにデータベースは、必要な情報だけを記録しておき、表示するときに自由に組み合わせながら見ることができるのです。

　実際には、データベースはそれだけで書籍を作れるくらい深い知識が必要ですし、データベース管理のための国家資格もあるほどです。興味がありましたら、ぜひ専門書などで勉強してみてください。

Part III　腕試し編

Chapter 6
PHP

## Chapter 6-1　PHPとは

PHPは、Webプログラム言語の中でも人気の高い言語のひとつです。
わかりやすさと高機能さが特徴です。

　Perlに代表されるサーバーサイド技術は、インターネットの発展と共に非常にたくさんの種類が登場しています。MicrosoftのASP、Java Servlet、Adobe（Macromedia）のColdFusionなどなど。しかし、そんな中で簡単さと高機能さで人気を誇っているのが、PHPです。

　現在では、Apache＋PHP＋MySQLという環境は「LAMP（Linux＋Apache＋MySQL＋PHP）」や、「WAMP（Windows＋Apache＋MySQL＋PHP）」などと呼ばれ、Webサイト運営環境の代名詞的な存在にもなっています。

　Chapter 6では、PHPの魅力を紹介しながら、実際にプログラムをいくつか作ってみましょう。

## Chapter 6-2　ファイルの準備

PHPの開発をしやすくするためのテンプレートファイルを準備しておきましょう。これ以降、すべてこのテンプレートを利用します。

　JavaScript（Chapter 4-2）と同様に、PHPでもまずはテンプレートとなるファイルを作っておきましょう。テキストエディタを開いて次のプログラムを打ち込みます。

```
PROGRAM CODE
<!DOCTYPE html PUBLIC "-//W3C//DTD XHTML 1.0 ⏎
Transitional//EN" "http://www.w3.org/TR/xhtml1/DTD/xhtml1-⏎
transitional.dtd">
<html xmlns="http://www.w3.org/1999/xhtml">
<head>
<meta http-equiv="Content-Type" content="text/html; ⏎
charset=UTF-8" />
<title>PHP編：（タイトル）</title>
<link href="/css/global.css" rel="stylesheet" ⏎
type="text/css" media="all" />
</head>

<body>
（HTML）
</body>
</html>
```

　このファイルを、Sitesフォルダに「PHP」というフォルダを新しく作成し、次のファイル名で保存します。

Windowsの場合：`C:¥Sites¥php¥template.php`
Macの場合：`/Sites/php/template.php`

　新しくプログラムを作るときは、このテンプレートファイルをコピーしてから編集すると便利でしょう。

## Chapter 6-3　PHPの一番基本的なプログラム

一番簡単なプログラムを作ってみましょう。Webブラウザの画面上に、文字を表示することができます。

それでは、PHPの基本的なプログラムを作ってみましょう。2つのファイルを作ります。

php/lesson01.html

■ PROGRAM CODE
```
<!DOCTYPE html PUBLIC "-//W3C//DTD XHTML 1.0 ⏎
Transitional//EN" "http://www.w3.org/TR/xhtml1/DTD/xhtml1- ⏎
transitional.dtd">
<html xmlns="http://www.w3.org/1999/xhtml">
<head>
<meta http-equiv="Content-Type" content="text/html; ⏎
charset=UTF-8" />
<title>PHP編：フォームの内容を表示する</title>
<link href="/css/global.css" rel="stylesheet" ⏎
type="text/css" media="all" />
</head>

<body>
<h1>PHP編：フォームの内容を表示する</h1>
<form id="formMain" name="formMain" method="post" ⏎
action="lesson01-2.php">
        <p>表示するメッセージを入力して「送信する」ボタンをクリックしてください。
        </p>
        <p>
                <input name="message" type="text" id="message" ⏎
                size="35" />
                <input name="submit" type="submit" id="submit" ⏎
                value="送信する" />
        </p>
```

```
        </form>
    </body>
</html>
```

php/lesson01-2.php

```php
<?php
$message = $_POST['message'];
?>
<!DOCTYPE html PUBLIC "-//W3C//DTD XHTML 1.0
Transitional//EN" "http://www.w3.org/TR/xhtml1/DTD/xhtml1-
transitional.dtd">
<html xmlns="http://www.w3.org/1999/xhtml">
<head>
<meta http-equiv="Content-Type" content="text/html;
charset=UTF-8" />
<title>PHP編：フォームの内容を表示する</title>
<link href="/css/global.css" rel="stylesheet"
type="text/css" media="all" />
</head>

<body>
<h1>PHP編：フォームの内容を表示する</h1>
<form id="formMain" name="formMain" method="post"
action="sample01-2.php">
        <p>入力された情報は、こちらです。</p>
        <p><?php print($message); ?></p>
</form>
</body>
</html>
```

次のURLを表示し、テキストボックスに適当な文章を入力して［送信する］ボタンを押してみましょう。

```
http://localhost:50000/php/lesson01.html
```

すると、画面には今自分が入力したメッセージが表示されます（図6-1）。PHPは、このように送信ボタンなどが押されたとき（サブミットされたときなどと言います）に、その情報を受信して処理することができます。

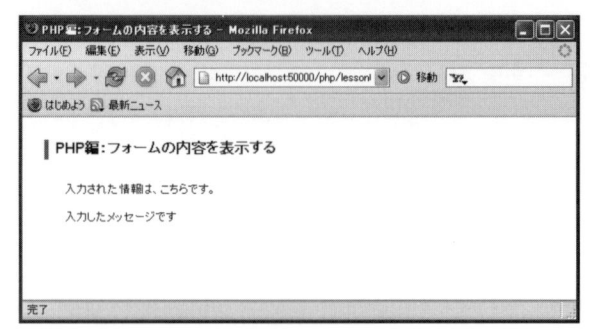

図6-1　入力したメッセージが表示される

このプログラムの大切な部分は、次の箇所です。

```
PROGRAM CODE
print($message);
```

これは、ユーザーが入力したメッセージを画面に出力しているプログラムです。PHPでは、プログラムを次のように記述します。

```
PROGRAM CODE
ファンクション名(パラメータ);
```

JavaScript（Chapter 4-6）で紹介しましたが、ファンクションはいくつかの動作をまとめたもの、パラメータはそのファンクションに情報を受け渡すための仕組みです。もし、このあたりの知識に不安がある方は、先にChapter 4-6をご覧ください。

フォームに入力された情報は、次のようにして取得することができます。

```
PROGRAM CODE
$_POST['名前'];
```

$_POSTは、「フォーム変数」と呼ばれる特殊な変数で、フォーム部品に入力され

た情報は、自動的にこの変数に保管されます。変数についてもJavaScript編の「Chapter 4-14　変数を使ったプログラム」で詳しく解説していますので参考にしてください。

　フォーム変数で指定している名前は、フォーム部品のname属性で指定した値を用います。これによってvalue属性にセットされた情報やテキストボックスにユーザーが記入した情報などを取り出すことができます。

　PHPの場合、変数名には必ず$（ドル）マークを付けなければならないという約束事があります。逆に、これを守ればJavaScriptのように、最初に「宣言」をする必要はありません。

---

### 自作プログラムで¥マークが入ってしまう場合　　COLUMN

　PHPでプログラムを作ると、入力した情報に¥マークが勝手に付加される場合があります。たとえば、「代表者」と入力すると、図6-2のように「代表¥者」になってしまうのです。この現象は、文字コードをShift JISで作っている場合に起こります。

　これは、PHPのmagic_quote_gpcという設定項目が誤作動していることが原因です。php.iniという設定ファイルを使って、この設定をOFFにするか、次のファンクションを使って¥マークを取り除く必要があります。
stripslashes(¥マークが含まれた文章)

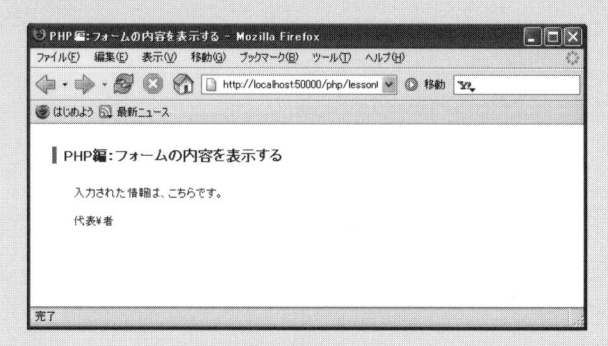

図6-2　誤作動画面例

　詳しくは、PHPのマニュアルなどを参考にしてください。なお、本書ではUTF8という文字コードを使っているため、このような現象は起こりません。

**フォーム変数の記述方法**　　　　　　　　　　　　　　　　　　COLUMN

　本書では、フォーム変数の記述に$_POSTという記述方法を使っていますが、一部の書籍やWebサイトには、以下のような記述方法もあります。

$HTTP_POST_VARS['名前']

　この記述方法は、PHPの古いバージョンで使われていた記述方法で、現在は「推奨されない」とマニュアルに記載されるようになりました。将来的には廃止される可能性もあるため、これから作るプログラムでは$_POSTという記述方法を使った方がよいと思います。
　さらに古い情報では、$HTTP_POST_VARSも使わずに、普通の変数として使っている場合もありますが、PHP ver.4.2.0以降からは利用できなくなっています。

## Chapter 6-4 フォーム変数とURL変数

PHPが、ユーザーからの入力情報を受信するためにはフォーム変数かURL変数を利用します。

Yahoo! JAPANなどの検索サイトで、検索キーワードを入力してページを移動すると、URLが次のように長くなることがあります。
http://search.yahoo.co.jp/search?p=ajax&fr=top&src=top&search.↵
x=0&search.y=0

これは、GETと呼ばれる方式でフォームを作っているため、URLに入力した内容が含まれるのが特徴です。これにより、URLをそのままブックマークに保存することや、電子メールなどに貼り付けて、友達に教えることができます。
たとえば、次のようなプログラムを作ってみましょう。

php/lesson02.html

```
<!DOCTYPE html PUBLIC "-//W3C//DTD XHTML 1.0 ↵
Transitional//EN" "http://www.w3.org/TR/xhtml1/DTD/xhtml1-↵
transitional.dtd">
<html xmlns="http://www.w3.org/1999/xhtml">
<head>
<meta http-equiv="Content-Type" content="text/html; ↵
charset=Shift_JIS" />
<title>PHP編:フォームの内容を表示する</title>
<link href="/css/global.css" rel="stylesheet" ↵
type="text/css" media="all" />
</head>

<body>
<h1>PHP編:フォームの内容を表示する</h1>
<form id="formMain" name="formMain" method="get" ↵
action="lesson02-2.php">
        <p>表示するメッセージを入力して「送信する」ボタンをクリックしてください。
```

```
                </p>
                <p>
                        <input name="message" type="text" id="message"  ↵
                        size="35" />
                        <input name="submit" type="submit" id="submit"  ↵
                        value="送信する" />
                </p>
        </form>
</body>
</html>
```

php/lesson02-2.php

```
<?php
$message = $_GET['message'];
?>
<!DOCTYPE html PUBLIC "-//W3C//DTD XHTML 1.0  ↵
Transitional//EN" "http://www.w3.org/TR/xhtml1/DTD/xhtml1-  ↵
transitional.dtd">
<html xmlns="http://www.w3.org/1999/xhtml">
<head>
<meta http-equiv="Content-Type" content="text/html;  ↵
charset=Shift_JIS" />
<title>PHP編：フォームの内容を表示する</title>
<link href="/css/global.css" rel="stylesheet"  ↵
type="text/css" media="all" />
</head>

<body>
<h1>PHP編：フォームの内容を表示する</h1>
<form id="formMain" name="formMain" method="post"  ↵
action="sample01-2.php">
        <p>入力された情報は、こちらです。</p>
```

```
            <p><?php print($message); ?></p>
    </form>
    </body>
</html>
```

テキストボックスに、"abc"と入力して［送信する］ボタンを押してください。先のサンプルと同じように、画面には入力した文章が表示されます。あわせて、URLが次のようになっていることがわかります。

```
http://localhost:50000/php/lesson02-2.php?message=abc&↵
submit=%91%97%90M%82%B7%82%E9
```

GET方式の場合、本来のURLの後に次のようなルールで入力内容が続きます。

?コントロール名=値&コントロール名=値・・・

GET方式は、送信内容をブックマークなどで記憶できるという利点がある反面、POST方式に比べて送信できる情報の量が少なくなります。また、パスワードなどを送信してしまうとURLに表示されてしまいますので、送信する内容の量や種類に応じて、POST方式とGET方式を選ぶ必要があります。

## URLの日本語エンコード　COLUMN

　Shift JIS等でWebサイトを作っている場合、GETでフォームを送信すると、URLが次のようになることがあります。

```
http://localhost:50000/php/lesson01-
2s.php?message=%82%A0%82%A2%82%A4%82%A6%82%A8&submit=%91%97%90M%82%B7%82%E9
```

　これは、日本語をそのままURLとして送信すると、正常に送信できないことがあるため、自動的に変換処理（エンコード処理）が行われたのです。こうして受け取ったデータは、元に戻すための「デコード処理」をかけますが、PHPは自動的にこれらの処理が行われるため、特に意識する必要はありません。
　もし、自分でエンコードやデコードを行いたいときは、次のファンクションを使います。

```
urlencode(エンコードをかけたい文章);
urldecode(エンコードのかかった文章);
```

　また、UTF8の場合は日本語をそのまま送信することができるため、このようなエンコード処理はかかりません。

## セキュリティを考慮したプログラム　COLUMN

　PHPでプログラムを作る場合、忘れてはならないのがセキュリティです。
　個人情報の流出事件や、Webサイトの改ざん事件など、ニュースなどでも連日のようにセキュリティ関連の話題が取り上げられています。原因はさまざまですが、Webサイトのプログラムに含まれたセキュリティの抜け道、「セキュリティホール」を突かれたものも少なくありません。
　特に、ユーザーからの入力を受け付ける場合、ユーザーがどんな情報を送信してきてもプログラムが誤作動を起こさないように、正しく処理することが重要です。たとえば、PHPには次のようなファンクションで、ユーザーからの入力情報を加工する方法があります。

| | |
|---|---|
| stripslashes | ¥マークなどの、PHPの機能として使われる可能性のある文字列を無効化します。 |
| htmlspecialchars | <や>などの、HTMLタグとして使われる文字を無効化します。 |
| mysql_escape_string | '（シングルクォーテーション）など、SQLの区切り文字として使われる文字を無効化します |

　これらのファンクションを、必要に応じて使い分けていきます。本書では、詳しいことは省略しますが、実際にWebサイトでプログラムを公開するときには、このようなセキュリティを考慮したプログラムを心がけましょう。

## Chapter 6-5 データベースと接続する

PHPの魅力のひとつは、非常に簡単にデータベースと接続できることです。
ここでは、Chapter5で準備したMySQLに接続してみます。

　PHPの大きな魅力のひとつは、ファンクションが豊富に準備されていて、すぐに使い始めることができるところです。MySQLと接続するファンクションもあらかじめ備わっており、簡単な設定だけで使い始めることができます。
　ここでは、実際にPHPとMySQLを接続して、データを操作してみましょう。なお、本プログラムでは、MySQLの知識とChapter 5で作った「item_table」が必要です。まだ作っていない方や、MySQLの知識が不足している方は、Chapter 5を参考にしてください。
　まずは、次のプログラムを作って実行してみてください。

php/lesson03.php

```
PROGRAM CODE
<?php
$con = mysql_connect("localhost", "ajax", "123456");
mysql_select_db("ajax_sample", $con);

mysql_query("INSERT INTO item_table(name, price)
VALUES('鉛筆', 120)", $con);
?>
<!DOCTYPE html PUBLIC "-//W3C//DTD XHTML 1.0
Transitional//EN" "http://www.w3.org/TR/xhtml1/DTD/xhtml1-
transitional.dtd">
<html xmlns="http://www.w3.org/1999/xhtml">
<head>
<meta http-equiv="Content-Type" content="text/html;
charset=UTF-8" />
<title>PHP編：データベースに接続する</title>
<link href="/css/global.css" rel="stylesheet"
type="text/css" media="all" />
</head>
```

```
<body>
<h1>PHP編:データベースに接続する</h1>
        <p>データベースに情報が追加されました。</p>
</body>
</html>
```

表示すると、画面には1行のメッセージが表示されるだけです(図6-3)。しかし、この時点ですでにデータベースにデータが追加されています。MySQLがSQLを受け付けたのです。

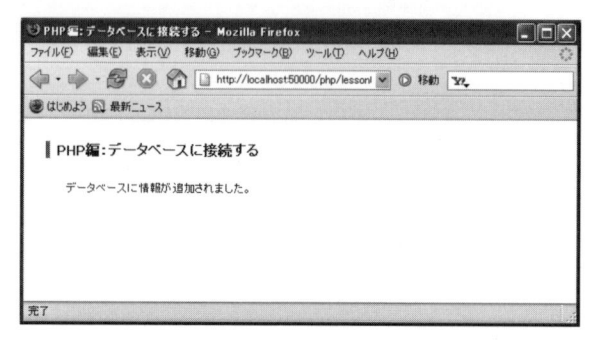

図6-3 メッセージ表示画面

PHPでは、次の3行のプログラムで、MySQLと連携したプログラムを作ることができます。

■ PROGRAM CODE
```
接続情報 = mysql_connect(ホスト名, ユーザー名, パスワード);
mysql_select_db(データベース名, 接続情報);
mysql_query(SQL, 接続情報);
```

まず、mysql_connectファンクションでMySQLと接続します。ホスト名は、Webサーバーとデータベースサーバーが別々のコンピュータの場合、ここにIPアドレス等を使って指定しますが、1台の場合は「localhost」というホスト名になります。

接続した情報は変数に保管されるので、その後のファンクションでこれを使っていきます。mysql_select_dbは、データベーススペースを選択します。そして、mysql_queryでSQLを指定してデータベースを操作していくわけです。一度、

mysql_connectをした後は、何度でもmysql_select_dbとmysql_queryファンクションを使うことができます。

### mysql_closeというファンクション　COLUMN

　PHPのファンクションには、MySQLとの接続を切るmysql_closeというファンクションがあります。しかし、このファンクションは使わなくてもかまいません。自動的に使用しなくなった接続情報を切る仕組みが備わっているからです。

　PHPのマニュアルにも「この関数（＝ファンクション）は通常の場合必要ありません」と記述されています。

### 接続情報の省略　COLUMN

　mysql_select_dbやmysql_queryファンクションでは、「接続情報」という変数を使っていました。これは、mysql_connectファンクションで接続したデータベースの情報ですが、実際には省略することができます。省略すると、「最後に接続したデータベース」への接続情報が利用されます。

　Chapter 6-5で取り上げたプログラムを簡単に記述すると、次のようになります。

```
mysql_connect("localhost", "ajax", "123456");
mysql_select_db("ajax_sample");
mysql_query("INSERT INTO item_table(name, price) VALUES('鉛筆', 120)");
```

## Chapter 6-6　データを検索する

接続したデータベースから、データを検索することができます。
「レコードセット」という特殊な形式を理解する必要がありますので、注意しましょう。

　PHPでMySQLに保存されたデータを利用するためには、データベースのデータをひとまとめにした「レコードセット」という、特殊な変数を利用します。
　次のプログラムを作ってみましょう。

php/lesson04.php

```
<?php
$con = mysql_connect("localhost", "ajax", "123456");
mysql_select_db("ajax_sample", $con);

mysql_query("SET CHARACTER SET UTF8");
$recordSet = mysql_query("SELECT * FROM item_table", $con);
?>
<!DOCTYPE html PUBLIC "-//W3C//DTD XHTML 1.0
Transitional//EN" "http://www.w3.org/TR/xhtml1/DTD/xhtml1-
transitional.dtd">
<html xmlns="http://www.w3.org/1999/xhtml">
<head>
<meta http-equiv="Content-Type" content="text/html;
charset=UTF-8" />
<title>PHP編：レコードセットを取得する</title>
<link href="/css/global.css" rel="stylesheet"
type="text/css" media="all" />
</head>

<body>
<h1>PHP編：レコードセットを取得する</h1>
<ul style="margin-left: 50px">
<?php
```

```
        while($table = mysql_fetch_assoc($recordSet)) {
?>
        <li><?php print($table['name']); ?> / <?php ↵
        print($table['price']); ?></li>
<?php
        }
?>
</ul>
</body>
</html>
```

画面に、商品一覧が表示されます（図6-4）

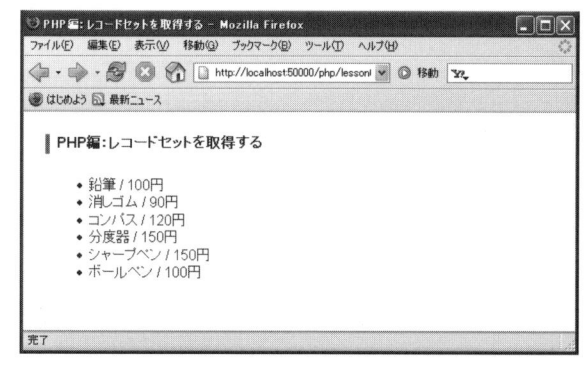

図6-4　商品一覧が表示される

　mysql_queryでSQLを使うところまでは、Chapter 6-5と同じです。このとき、検索した結果が「レコードセット」として取得されます。まずは、これを変数に保管しておきましょう。

　次に、繰り返し構文の中で、次のファンクションを使います。

■ PROGRAM CODE
```
mysql_fetch_assoc($recordSet)
```

　これにより、レコードセットから1件を取り出して、「連想配列」という特殊な変数に分解してくれます。この連想配列は、変数名に次のようにフィールド名を指定すれ

ば、データを取り出すことができます。

```
PROGRAM CODE
$table['フィールド名']
```

また、このmysql_fetch_assocというファンクションは特殊な動作をします。それは、このファンクションを使う度にレコードが次々に取り出され、取り出すデータがなくなるとfalseという値が取得されるのです。

この特性を利用すると、次のように繰り返し構文でfalseを取得できるまで繰り返すというプログラムで、取得したデータをすべて表示させることができるのです。

```
PROGRAM CODE
while($table = mysql_fetch_assoc($recordSet)) {
```

## Chapter 6-7 : sprintfを使ったプログラム

SQL文をPHPで組み立てるときに便利なファンクションにsprintfがあります。
これを使えば、文字や変数を組み合わせた複雑な文章もすっきりと作ることができます。

PHPでは、変数と文章を組み合わせる場合に、.（ドット）を利用します。たとえば、次のプログラムを見てください。

PROGRAM CODE

```php
<?php
$word1 = "言葉";
$word2 = "つなげる";
$word3 = "ドットを使う方法";
$word4 = "sprintfを使う方法";
?>
<!DOCTYPE html PUBLIC "-//W3C//DTD XHTML 1.0 ↵
Transitional//EN" "http://www.w3.org/TR/xhtml1/DTD/xhtml1-↵
transitional.dtd">
<html xmlns="http://www.w3.org/1999/xhtml">
<head>
<meta http-equiv="Content-Type" content="text/html; ↵
charset=UTF-8" />
<title>PHP編：sprintfを使ったプログラム</title>
<link href="/css/global.css" rel="stylesheet" ↵
type="text/css" media="all" />
</head>

<body>
<h1>PHP編：sprintfを使ったプログラム</h1>
<p>
<?php
print($word1."を".$word2."には、".$word3."と".$word4."があります。↵
");
?>
```

```
</p>
</body>
</html>
```

実行すると図6-5が表示されます。文章が連結されました。

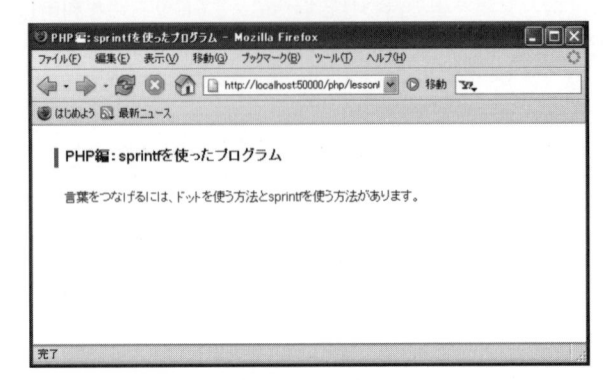

図6-5 文章が連結される

しかし、このドットを使った連結方法は、非常に複雑になることがあります。そこで、sprintfというファンクションがよく使われます。

先のプログラムを、次のように変更してみましょう。

```
<?php
$word1 = "言葉";
$word2 = "つなげる";
$word3 = "ドットを使う方法";
$word4 = "sprintfを使う方法";
?>
<!DOCTYPE html PUBLIC "-//W3C//DTD XHTML 1.0 ↵
Transitional//EN" "http://www.w3.org/TR/xhtml1/DTD/xhtml1- ↵
transitional.dtd">
<html xmlns="http://www.w3.org/1999/xhtml">
<head>
<meta http-equiv="Content-Type" content="text/html; ↵
```

```
charset=UTF-8" />
<title>PHP編：sprintfを使ったプログラム</title>
<link href="/css/global.css" rel="stylesheet" ↵
type="text/css" media="all" />
</head>

<body>
<h1>PHP編：sprintfを使ったプログラム</h1>
<p>
<?php
$words = sprintf("%sを%sには、%sと%sがあります。", $word1, $word2, ↵
$word3, $word4);
print($words);
?>
</p>
</body>
</html>
```

　動きは全く同じですが、sprintfファンクションが使われています。sprintfファンクションはドットを使う代わりに「%s」という記号を使います。そして、カンマで区切ってその「%s」の場所に置き換える変数などを指定するのです。これをいくつでも繰り返すことができます。

　ただし、%sの数とその後の変数の数は一致させておく必要があるので、注意が必要です。

Part III 腕試し編

## Chapter 7
# XML

## Chapter 7-1 XMLとは

XMLは「Extensible Markup Language」の略称です。
HTMLと似た簡単な書式で、複雑なデータ形式を表現することができます。

　Ajaxの名前にも含まれている「XML（エックスエムエル）」は、簡単に説明するとHTMLと同じように「タグ」を使って作るデータ形式のひとつです。HTMLの場合は、<table>タグは表を作るためのもの、<h1>タグは見出しを作るためのものといった具合に、はじめからタグの役割が決められているのに比べ、XMLには決められたタグがなく、自分で自由に組み立てることができるのが特徴です。

　そのため、HTMLがウェブサイトを構築するためだけに使われるのに対し、XMLはたとえば住所録のデータや商品の管理データ、医療分野でのカルテの管理データなどなど、さまざまなものに応用できます。

　それでは、XMLとはいったいどういうものなのかを、具体例を用いながら説明していきましょう。

## Chapter 7-2　XMLを作成しよう

ここでは、実際にXMLを作ってみます。
エディタソフトだけで、簡単に作ることができます。

まずは、次のXMLファイルをご覧ください。

```
PROGRAM CODE
<?xml version="1.0" encoding="UTF-8"?>
<item_data>
  <item id="1">
    <name>鉛筆</name>
    <price>100</price>
  </item>
  <item id="2">
    <name>消しゴム</name>
    <price>90</price>
  </item>
</item_data>
```

　このXMLは、「Chapter 5　MySQL」で利用した商品データの一部を、データベースの代わりにXMLで記述した例です。一目見ればわかるとおり、HTMLとほとんど見分けがつきません。また、このファイルで商品の名前と価格が管理されていることがすぐにわかります。XMLは、このように非常にわかりやすくデータを表現できるのが特徴です。
　XMLは、そのままでは活用できません。これを処理するプログラムなどを作成するか、または「XMLビューワー」と呼ばれるソフトウェアなどを使って利用します。
　たとえば、このXMLファイルをMicrosoft InternetExplorerで表示すると図7-1が表示されます。InternetExplorerにはXML解析エンジンが搭載されていて、赤の[-]記号をクリックすると、折りたたんだりすることができます（図7-2）。

図7-1 XML表示画面（IE）

図7-2 XMLを折りたたんだ画面

さて、XMLを作る場合、まずはファイルの冒頭に、次のように宣言を記述する必要があります。

PROGRAM CODE
```
<?xml version="1.0" encoding="UTF-8"?>
```

これによって、そのファイルがXMLで記述されていて、どんなバージョンで、どんな文字コードで記述されているかを示すことができます。

そして、まずXMLを記述する場合にはその情報全体を覆うためのタグを定義する必要があります。

```
<item_data>
...
</item_data>
```

HTMLでいう<html></html>タグがこれにあたります。

この中に、管理したい情報を、さらにタグで囲って記述していきます。ここでは、商品名と価格という2つの情報を管理しています。

```
<name>鉛筆</name>
<price>100</price>
```

この商品名と価格は、両方で1セットの情報になります。そこで、これを次のようにタグで囲うことで、グループにすることができます。

```
<item>
    <name>鉛筆</name>
    <price>100</price>
</item>
```

この繰り返しで記述されていきます。さらに、各タグにはHTMLと同じように「属性」を作ることもできます。次のChapter 7-3で紹介しましょう。

## Chapter 7-3　属性を使ってみよう

XMLのデータ内容をさらに拡張するためには、属性を使います。
属性名も自由に決めることができます。

　HTMLのタグにも属性があるように、XMLにも属性をつけることができます。これも自由に定義することができます。たとえば、次の部分を見てみましょう。

■ PROGRAM CODE
```
<item id="1">
    <name>鉛筆</name>
    <price>100</price>
</item>
<item id="2">
  <name>消しゴム</name>
  <price>90</price>
</item>
```

　<item>タグにidという属性が記述されています。これにより、同じ<item>タグでも属性で見分けをつけることができます。具体的なことは、実践編をご覧ください。

## Chapter 7-4　XMLの約束事

XMLには、いくつかの約束事があります。
HTMLに比べて、厳格なルールがありますので、しっかり守りましょう。

　　XMLはこのように、簡単な記述で複雑なデータ構造を書き表すことができるのが特徴です。最初に宣言を記述するなどの約束事を紹介しましたが、他にも約束事がいくつかあります。

### タグは英小文字で記述する

　　XMLのタグは小文字で記述します。日本語や大文字は利用できません。

例：

○ `<item>` `<name>`
× `<BIGCHAR>` `<日本語>`

### 閉じタグとセットで使う

　　XMLのタグは、閉じタグ（`</タグ名>`）とセットで利用する必要があります。
　　閉じタグが必要ない場合でも、次のようにタグを記述する必要があります。

例：

```
<no_close></no_close>
```

または

```
<no_close />
```

### 属性は英小文字で記述し、内容はダブルクォーテーションで囲う

　　XMLの属性名も英小文字を利用します。また、属性の内容はダブルクォーテーションで囲って指定する必要があります。

例：

```
<tag param="ここに属性の内容を記述します"></tag>
```

　XMLは、その柔軟性の高さから、現在さまざまなソフトウェアやWebサイトで活用されており、今後もますます発展が期待されています。ぜひ、活用していきましょう。

Part IV 実践編

# Chapter 8
# Ajax

## Chapter 8-1 一番基本的なプログラム

まずは、Ajaxを手軽に体験できるプログラムを作ってみましょう。
PHPが作り出したメッセージを、アラートボックスに表示します。

ここからは、いよいよAjaxのプログラムを作っていきます。JavaScriptやPHP等が複雑に絡み合ってきますので、注意しながら作っていきましょう。わからない部分が出てきたときは、腕試し編を参照してください。

それでは、最初のプログラムを作ってみましょう。

まずは、PHPで作った文章をJavaScriptがアラートボックスで表示するという例です。Ajaxで作る意味はあまりありませんが、動きを確認するために簡単なプログラムから試してみましょう。次のプログラムをそれぞれ作ります。

ajax/sample01.html

PROGRAM CODE
```
<!DOCTYPE html PUBLIC "-//W3C//DTD XHTML 1.0
Transitional//EN" "http://www.w3.org/TR/xhtml1/DTD/xhtml1-
transitional.dtd">
<html xmlns="http://www.w3.org/1999/xhtml">
<head>
<meta http-equiv="Content-Type" content="text/html;
charset=UTF-8" />
<title>Ajax編:一番基本的なプログラム</title>
<script type="text/javascript">
<!--
ajax = new XMLHttpRequest();

function viewAlert() {
    ajax.onload = function() {
        window.alert(ajax.responseText);
    }

    ajax.open('GET', 'sample01-engine.php', true);
    ajax.send(null);
```

```
}
// -->
</script>
<link href="../css/global.css" rel="stylesheet"
type="text/css" media="all" />
</head>

<body>
<h1>Ajax編：一番基本的なプログラム</h1>
<form id="formMain" name="formMain" method="post" action="">
        <p>下のボタンを押してください。アラートボックスが表示されます。</p>
        <p>
                <input name="buttonAlert" type="button"
                id="buttonAlert" value="アラートボックスを表示する"
                onClick="viewAlert();" />
        </p>
</form>
</body>
</html>
```

ajax/sample01-engine.php

PROGRAM CODE

```
<?php
        print("このメッセージは、PHPが出力しています");
?>
```

　Sitesフォルダの中にajaxというフォルダを作って、そこにそれぞれ次の名前で保存します。

Windowsの場合：sample01.html, sample01-engine.php
Macの場合：sample01.html, sample01-engine.php

　Webブラウザで表示すると、ボタンが表示されますので、これをクリックします。

するとアラートボックスにメッセージが現れます（図8-1）。

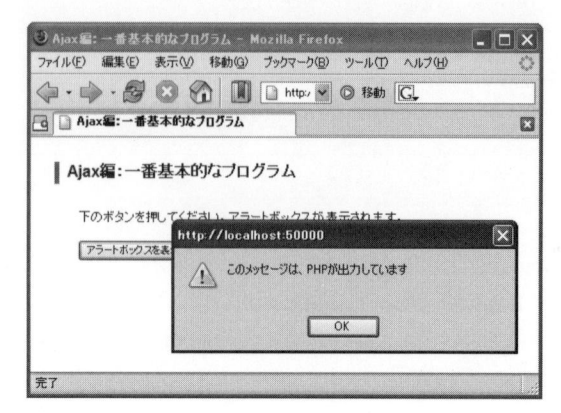

図8-1　アラートボックスにメッセージが表示される

　ここに表示されたメッセージは、PHPが作り出しています。それをJavaScriptが受信して、アラートボックスに受け渡しているのです。それでは、まずはPHPのプログラムから見ていきましょう。PHPは、単純に画面にメッセージを表示しているだけです。
　実際、Webブラウザで次のURLを実行すると、画面にメッセージが表示されることを確認できます（図8-2）。

```
http://localhost:50000/ajax/sample01-engine.php
```

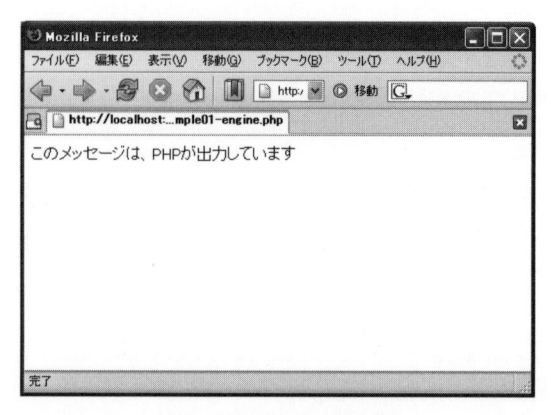

図8-2　Webブラウザでの実行画面

それでは、JavaScript側を見てみましょう。最初に、見慣れない変数の宣言があります。

```
ajax = new XMLHttpRequest();
```

Ajaxを使うときに、最初に必要になるのがXMLHttpRequestというオブジェクトです。これこそがAjaxの神髄となるオブジェクトです。
　このオブジェクトが、Webサーバーと通信を行い、結果をJavaScript内部に取り込んでくるわけです。このオブジェクトは、そのままでは利用できませんので、いったん変数に保管しておきます。この作業を「インスタンス化する」等と言いますが、あまり気にしなくてもかまいません。これ以降、ajaxという名前でこのオブジェクトを利用することができるようになります。本書ではこのオブジェクトを、「Ajaxオブジェクト」と呼ぶようにします。
　Ajaxオブジェクトは次の2つのメソッドを使って、通信を行います。

```
ajax.open('GET', 'sample01-engine.php', true);
ajax.send(null);
```

最初に、openメソッドでどのファイルと通信するかを指定します。このとき、それぞれのパラメータは次のような意味になります。

・通信方式─── GETまたは、POSTを指定します。詳しくはPHP編の「フォーム変数とURL変数」をご覧ください。
・ファイル名── 呼び出すファイル名を指定します
・同期・非同期── 同期通信か非同期通信かを選び、false、trueで指定します。詳しくは後述します。

　openメソッドで、通信の準備ができたらsendメソッドで情報を送信します。すると、先ほど指定したファイル名を呼び出します。このとき、呼び出されたPHPはWebブラウザの画面に文章を表示したつもりになっていますが、実際にはAjaxオブジェクトがそのメッセージを読み込んでプロパティに保管している状態です。
　Aajxオブジェクトは結果を受信すると、onloadというイベントが発生します。こ

のイベントに、受信後に行いたい処理を割り当てます。

　なお、Ajaxオブジェクトのイベント名はすべて小文字になりますので注意してください。「onLoad」等と、大文字を含めると正常に動作しなくなります。

▎PROGRAM CODE
```
ajax.onload = function() {
        window.alert(ajax.responseText);
}
```

　一見すると難しいですが、実際にはJavaScript編の「イベントドリブン」の部分で説明したとおり、イベントに対してファンクションを割り当てているだけです。

　ファンクション中でalertメソッドのパラメータに、AjaxオブジェクトのresponseTextプロパティを指定します。このプロパティに、先ほどのメッセージが格納されているため、これでアラートボックスにメッセージが表示されるというわけです。

　Ajaxのプログラムは、すべてこのAjaxオブジェクトを操作することで実現することができます。

## Chapter 8-2　Ajaxの基本テンプレートを作ろう

Ajaxの場合、決まり文句ともいえるようなプログラムがいくつかあります。
これをテンプレートにあらかじめ含めておけば、簡単に作り始めることができます。

腕試し編のJavaScriptやPHPと同じように、Ajaxでもテンプレートファイルを作っておき、それを毎回コピーする形で作った方が、効率よく作業できます。以下のようなファイルを作って保存しておきましょう。

ajax/template.html

```
<!DOCTYPE html PUBLIC "-//W3C//DTD XHTML 1.0
Transitional//EN" "http://www.w3.org/TR/xhtml1/DTD/xhtml1-
transitional.dtd">
<html xmlns="http://www.w3.org/1999/xhtml">
<head>
<meta http-equiv="Content-Type" content="text/html;
charset=UTF-8" />
<title>（タイトル）</title>
<script type="text/javascript">
<!--
/*　Ajaxを準備する　*/
ajax = new XMLHttpRequest();

/*　メインのファンクション　*/
function *ファンクション名(*パラメータ) {
        /*　メインの処理　*/
        ajax.onload = function() {
        }

        /*　Ajax呼び出し処理　*/
        ajax.open(*GETまたはPOST, *呼び出すファイル名, *trueまたは
        false);
        ajax.send(nullまたはパラメータ);
```

```
}
// -->
</script>
</head>

<body>
ここに HTMLを書き込みます
</body>
</html>
</head>
```

## Chapter 8-3　情報をGET送信したい

ユーザーの入力した情報を、Ajaxを使って送信します。
ここでは、GET方式で送信してみます。

　PHPを呼び出すときに、Ajaxで情報を送信することができます。GET方式とPOST方式でやり方が若干違うため、ここではまずGET方式を紹介します。
　GET方式の場合は非常に簡単で、呼び出すURLを加工するだけです。次のプログラムを作ってみてください。

ajax/sample02.html

**PROGRAM CODE**

```
<!DOCTYPE html PUBLIC "-//W3C//DTD XHTML 1.0
Transitional//EN" "http://www.w3.org/TR/xhtml1/DTD/xhtml1-
transitional.dtd">
<html xmlns="http://www.w3.org/1999/xhtml">
<head>
<meta http-equiv="Content-Type" content="text/html;
charset=UTF-8" />
<title>Ajax編：GETでパラメータを送信する</title>
<script type="text/javascript">
<!--
/* Ajaxを準備する */
ajax = new XMLHttpRequest();

/* メインのファンクション */
function viewAlert(message) {
    /* メインの処理 */
    ajax.onload = function() {
        window.alert(ajax.responseText);
    }
    
    /* Ajax呼び出し処理 */
    ajax.open('GET', 'sample02-engine.php?message=' +
```

```
                message, true);
        ajax.send(null);
    }
// -->
</script>
<link href="../css/global.css" rel="stylesheet" ↵
type="text/css" media="all" />
</head>

<body>
<h1>Ajax編：GETでパラメータを送信する</h1>
<form id="formMain" name="formMain" method="post" action="">
        <p>下のボタンを押してください。GETでパラメータを送信し、表示します。</p>
        <p>
                <input name="buttonAlert" type="button" ↵
                id="buttonAlert" value="パラメータを送信する" ↵
                onClick="viewAlert('Ajaxで指定したメッセージ');" />
        </p>
</form>
<p>  </p>
</body>
</html>
```

ajax/sample02-engine.php

```
<?php
        $message = $_GET['message'];
        print($message." --- というメッセージを受信しました。");
?>
```

　表示して実行すると、PHPが受け取ったパラメータを使って、メッセージを作成し、それがアラートボックスに表示されます（図8-3）。

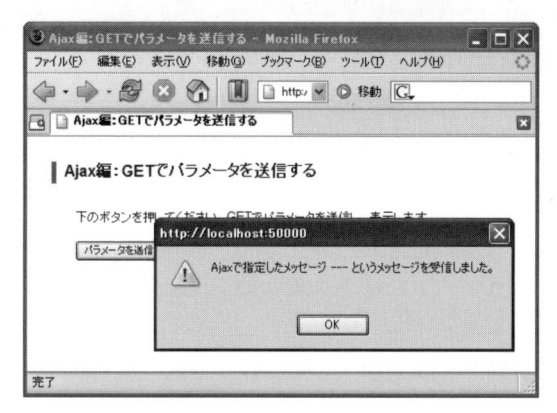

図8-3 アラートボックスにメッセージが表示される

openメソッドのURLの部分で、情報を送信しています。

```
ajax.open('GET', 'sample02-engine.php?message=' + message,
true);
```

「message」というパラメータは、ボタンをクリックしたときに呼び出されるviewAlertファンクションで次のように作っています。

```
function viewAlert(message) {
}
```

詳しくは、「Chapter 4 JavaScript」をご覧ください。続いて、POST方式での情報送信を紹介します。

## Chapter 8-4 情報をPOST送信したい

ユーザーの入力した情報を、Ajaxを使って送信します。
ここでは、POST方式で送信してみます。

POST方式を使って情報を送信する場合には、sendメソッドのパラメータとして指定します。次のようなプログラムを作成しましょう。

ajax/sample03.html

```
PROGRAM CODE
<!DOCTYPE html PUBLIC "-//W3C//DTD XHTML 1.0 ↵
Transitional//EN" "http://www.w3.org/TR/xhtml1/DTD/xhtml1- ↵
transitional.dtd">
<html xmlns="http://www.w3.org/1999/xhtml">
<head>
<meta http-equiv="Content-Type" content="text/html; ↵
charset=UTF-8" />
<title>Ajax編：POSTでパラメータを送信する</title>
<script type="text/javascript">
<!--
/* Ajaxを準備する */
ajax = new XMLHttpRequest();

/* メインのファンクション */
function viewAlert(message) {
        /* メインの処理 */
        ajax.onload = function() {
                window.alert(ajax.responseText);
        }

        /* Ajax呼び出し処理 */
        ajax.open('POST', 'sample03-engine.php', true);
        ajax.setRequestHeader("Content-Type", "application/x- ↵
www-form-urlencoded");
```

```
        ajax.send('message=' + message);
}
// -->
</script>
<link href="../css/global.css" rel="stylesheet" ↵
type="text/css" media="all" />
</head>


<body>
<h1>Ajax編:POSTでパラメータを送信する</h1>
<form id="formMain" name="formMain" method="post" action="">
        <p>下のボタンを押してください。POSTでパラメータを送信し、表示します。
        </p>
        <p>
                <input name="buttonAlert" type="button" ↵
                id="buttonAlert" value="パラメータを送信する" ↵
                onClick="viewAlert('POSTで送信するメッセージ');" />
        </p>
</form>
</body>
</html>
```

ajax/sample03-engine.php

**PROGRAM CODE**

```
<?php
        $message = $_POST['message'];
        print($message." --- というメッセージを受信しました。");
?>
```

　表示してボタンを押すと、Chapter 8-3と同じようにアラートボックスが表示されます（図8-4）。

図8-4 アラートボックスが表示される

これまでのプログラムと違い、sendメソッドにパラメータが指定されています。

```
ajax.send('message=' + message);
```

とはいえ、パラメータの書式自体はGET方式と変わらず、次のように指定します。

```
パラメータ名=値&パラメータ名=値…
```

しかし、これだけでは情報が正しく送信されません。次のsetRequestHeaderメソッドをsendメソッドよりも先に行っておく必要があります。

```
ajax.setRequestHeader("Content-Type", "application/x-www-form-urlencoded");
```

これは、Webサーバーの情報を送信する前に送る「ヘッダー情報」と呼ばれる情報で、通常Webサーバーは、このヘッダー情報を手がかりに送られてくる情報を処理しています。

PHPの方でも、POST方式で送られてくる情報を受信するために、フォーム変数を使っています。これで、POST方式での送受信が行えるようになります。

■ PROGRAM CODE
```
$message = $_POST['message'];
```

　次は、Ajaxオブジェクトが受信した情報を、アラートボックス以外でも活用してみましょう。

## Chapter 8-5　テキストボックスにメッセージを表示したい

フォーム部品をAjaxで制御することができます。
ここでは、テキストボックスにメッセージを表示してみます。

　Ajaxが受信した情報を保管しているresponseTextプロパティは、さまざまなものに活用することができます。たとえば、ここではフォームのテキストボックスに表示してみましょう。次のようなプログラムを作成します。

ajax/sample04.html

■ PROGRAM CODE
```
<!DOCTYPE html PUBLIC "-//W3C//DTD XHTML 1.0 ↵
Transitional//EN" "http://www.w3.org/TR/xhtml1/DTD/xhtml1- ↵
transitional.dtd">
<html xmlns="http://www.w3.org/1999/xhtml">
<head>
<meta http-equiv="Content-Type" content="text/html; ↵
charset=UTF-8" />
<title>Ajax編：テキストボックスの内容を書き換える</title>
<script type="text/javascript">
<!--
/* Ajaxを準備する */
ajax = new XMLHttpRequest();

/* メインのファンクション */
function changeText() {
        /* メインの処理 */
        ajax.onload = function() {
                document.getElementById('textMessage'). ↵
                value = ajax.responseText;
        }

        /* Ajax呼び出し処理 */
        ajax.open('GET', 'sample04-engine.php', true);
```

148

```
            ajax.send(null);
}
// -->
</script>
<link href="../css/global.css" rel="stylesheet" 
type="text/css" media="all" />
</head>


<body>
<h1>Ajax編:テキストボックスの内容を書き換える</h1>
<form id="formMain" name="formMain" method="post" action="">
        <p>下のボタンを押してください。右側のテキストボックスの内容が書き換わ
        ります。</p>
        <p>
                <input name="buttonChange" type="button"
                id="buttonChange" value="書き換える"
                onClick="changeText();" />
                <input name="textMessage" type="text"
                id="textMessage" value="この内容が書き換わります"
                size="35" />
        </p>
</form>
</body>
</html>
```

 表示してボタンをクリックすると、テキストボックスにPHPから受信した情報が表示されます（図8-5）。
 テキストボックスの内容を変えるには、valueプロパティを使います。このvalueプロパティを、AjaxオブジェクトのresponseTextプロパティで書き換えれば、テキストボックスの内容が変わるというわけです。

PROGRAM CODE
```
document.getElementById('textMessage').value = 
ajax.responseText;
```

図8-5　PHPから受信した情報が表示される

　なお、getElementByIdメソッドの使い方についての詳細は、JavaScriptの「Chapter 4-8　オブジェクトの直接指定」を参照してください。続いて、他のフォーム部品も操作してみましょう。

## Chapter 8-6 ラジオボタンのチェック状態を変化させたい

フォーム部品をAjaxで制御することができます。
ここでは、ラジオボタンのチェック状態を変化させてみます。

Chapter 8-5を応用すれば、すべてのフォーム部品をAjaxで制御できるようになります。たとえばここでは、ラジオボタンのチェック状態をAjaxで変化させてみましょう。次のプログラムを作成してください。

ajax/sample05.html

■ PROGRAM CODE
```
<!DOCTYPE html PUBLIC "-//W3C//DTD XHTML 1.0 ↵
Transitional//EN" "http://www.w3.org/TR/xhtml1/DTD/xhtml1- ↵
transitional.dtd">
<html xmlns="http://www.w3.org/1999/xhtml">
<head>
<meta http-equiv="Content-Type" content="text/html; ↵
charset=UTF-8" />
<title>Ajax編:ラジオボタンのチェック状態を変化させる</title>
<script type="text/javascript">
<!--
/* Ajaxを準備する */
ajax = new XMLHttpRequest();

/* メインのファンクション */
function changeCheck() {
        /* メインの処理 */
        ajax.onload = function() {
                document.getElementById(ajax.responseText). ↵
                checked = true;
        }

        /* Ajax呼び出し処理 */
        ajax.open('GET', 'sample05-engine.php', true);
        ajax.send(null);
```

```html
        }
// -->
</script>
<link href="../css/global.css" rel="stylesheet" ↵
type="text/css" media="all" />
</head>

<body>
<h1>Ajax編：ラジオボタンのチェック状態を変化させる</h1>
<form id="formMain" name="formMain" method="post" action="">
        <p>下のボタンを押してください。下側のラジオボタンにチェックが変化します。↵
        </p>
        <p>
                <input name="radioChoice" type="radio" id= ↵
                "radioChoice_1" value="1" checked="checked" />
                選択肢1<br />
                <input name="radioChoice" type="radio" ↵
                id="radioChoice_2" value="2" />
                選択肢2</p>
        <p>
                <input name="buttonChange" type="button" ↵
                id="buttonChange" value="チェック状態を変更する" ↵
                onClick="changeCheck();" />
        </p>
</form>
<p>  </p>
</body>
</html>
```

ajax/sample05-engine.php

**PROGRAM CODE**

```php
<?php
        print("radioChoice_2");
?>
```

表示してボタンをクリックすると、右側のラジオボタンにチェックが入ります（図8-6）。

図8-6　ラジオボタンにチェックが入る

ラジオボタンのチェック状態はcheckedプロパティで制御することができます。

```
document.getElementById(ajax.responseText).checked = true;
```

ラジオボタンを制御するときのポイントは、ひとつひとつのラジオボタンに、個別のIDを付加することです。name属性が一緒のラジオボタンであっても、id属性は別々にする必要があります。
　このプログラムでは、PHPが「選択肢2」とあるラジオボタンのid属性を出力しています。

```
print("radioChoice_2");
```

これを、getElementByIdメソッドのパラメータとして指定しています。これによって、「選択肢2」のラジオボタンのチェック状態が変化するというわけです。

```
document.getElementById(ajax.responseText).checked = true;
```

## Chapter 8-7　HTML画面を書き換えたい

フォーム部品を使わずに、Webページ自体を書き換えます。
レイヤーを使って、Ajaxでメッセージを書き換えてみましょう。

「Chapter 4-12　レイヤーの扱い方」で紹介したとおり、レイヤーを使えばJavaScriptで、Webページの内容自体を書き換えることができます。
　つまりAjaxと組み合わせれば、WebサイトをJavaScriptで自由に制御できるようになるのです。次のプログラムを作ってみましょう。

ajax/sample06.html

```
<!DOCTYPE html PUBLIC "-//W3C//DTD XHTML 1.0
Transitional//EN" "http://www.w3.org/TR/xhtml1/DTD/xhtml1-
transitional.dtd">
<html xmlns="http://www.w3.org/1999/xhtml">
<head>
<meta http-equiv="Content-Type" content="text/html;
charset=UTF-8" />
<title>Ajax編：ページ内容を書き換える</title>
<script type="text/javascript">
<!--
/* Ajaxを準備する */
ajax = new XMLHttpRequest();

/* メインのファンクション */
function changePage() {
        /* メインの処理 */
        ajax.onload = function() {
                document.getElementById('layerDynamic').
                innerHTML = ajax.responseText;
        }

        /* Ajax呼び出し処理 */
```

```
            ajax.open('GET', 'sample06-engine.php', true);
            ajax.send(null);
}
// -->
</script>
<link href="../css/global.css" rel="stylesheet" ↵
type="text/css" media="all" />
</head>

<body>
<h1>Ajax編：ページ内容を書き換える</h1>
<form id="formMain" name="formMain" method="post" action="">
        <p>下のボタンを押してください。ページの内容が書き換わります。</p>
        <p>
                <input name="changeHTML" type="button" ↵
                id="changeHTML" value="書き換える" ↵
                onClick="changePage();" />
        </p>
</form>
<div id="layerDynamic">　この部分が書き換わります</div>
</body>
</html>
```

ajax/sample06-engine.php

■ PROGRAM CODE
```
<?php
        print("PHPが出力した文章です。<br /> ↵
        <strong>HTMLを出力することもできます</strong>");
?>
```

表示してボタンをクリックすると、ボタンの下のメッセージが変化します（図8-7）。

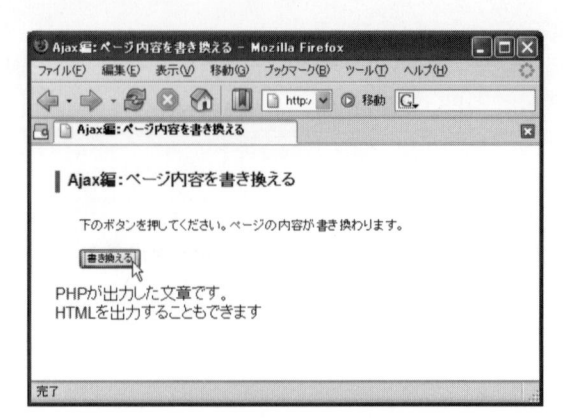

図8-7　ボタン下のメッセージが変化する

ボタンの下には、「LayerDynamic」というレイヤーが配置してあります。

PROGRAM CODE
```
<div id="layerDynamic">　この部分が書き換わります</div>
```

レイヤーは、「innerHTML」というプロパティを保持しているので、これでレイヤー内のメッセージを書き換えることができます。HTMLタグも使うことができるため、Webページを丸ごと差し替えるといったことも可能です。

## Chapter 8-8 レイヤーを表示したい・複製したい

レイヤーは、隠したり表示したり、場所を移動したり複製したりなど、さまざまな制御が行えます。
ここでは、表示や複製を試してみます。

　レイヤーの位置は自由に移動することができます。また重ね合わせることも可能なため、CSSを使って装飾すれば、小さなウィンドウを表示させたり、付箋紙のような演出をしたりといったことも可能になります。次のようなプログラムを作ってみましょう。

ajax/sample07.html

```
PROGRAM CODE
<!DOCTYPE html PUBLIC "-//W3C//DTD XHTML 1.0 ↵
Transitional//EN" "http://www.w3.org/TR/xhtml1/DTD/xhtml1- ↵
transitional.dtd">
<html xmlns="http://www.w3.org/1999/xhtml">
<head>
<meta http-equiv="Content-Type" content="text/html; ↵
charset=UTF-8" />
<title>Ajax編：付箋紙を表示する</title>
<script type="text/javascript">
<!--
/* Ajaxを準備する */
var ajax = new XMLHttpRequest();

/* メインのファンクション */
function makeStikey() {
    /* メインの処理 */
    ajax.onload = function() {
        document.getElementById('layerSticky'). ↵
        innerHTML = ajax.responseText;
        document.getElementById('layerSticky'). ↵
        style.visibility = 'visible';
    }
```

```
                /* Ajax呼び出し処理 */
                ajax.open('GET', 'sample07-engine.php', true);
                ajax.send(null);
        }
        // -->
        </script>
        <link href="../css/global.css" rel="stylesheet" ↵
        type="text/css" media="all" />
        <style type="text/css">
        div#layerSticky {
                width: 200px;
                height: 50px;
                position: absolute;
                left: 100px;
                top: 70px;
                padding: 10px;
                background-color: #FFFF99;
                visibility: hidden;
        }
        </style>
        </head>

        <body>
        <h1>Ajax編：付箋紙を表示する</h1>
        <form id="formMain" name="formMain" method="post" action="">
                <p>ボタンを押してください。付箋紙を表示します。</p>
                <p>
                        <input name="buttonMake" type="button" ↵
                        id="buttonMake" value="付箋紙を表示する" ↵
                        onClick="makeSticky()" />
                </p>
        </form>
        <div id="layerSticky"></div>
```

```
    </body>
</html>
```

ajax/sample07-engine.php

```
<?php
    print("PHPが出力した文章です");
?>
```

表示してボタンをクリックすると、小さなレイヤーが表示されて、付箋紙のようにページ上に貼り付いたように表示されます（図8-8）。

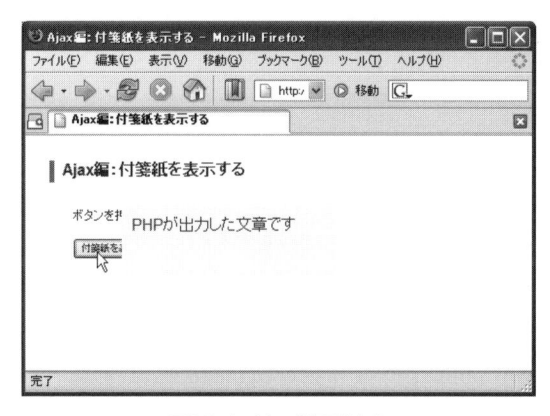

図8-8 レイヤーが表示される

「layerSticky」というレイヤーを定義して、CSSでさまざまに装飾しています。

```
div#layerSticky {
    width: 200px;
    height: 50px;
    position: absolute;
    left: 100px;
    top: 70px;
```

```
        padding: 10px;
        background-color: #FFFF99;
        visibility: hidden;
}
```

position:absoluteスタイルと、top，leftでの位置指定によって場所を自由に変更し、さらにvisibility:hiddenスタイルでWebページが表示された直後はこのレイヤーを非表示にしています。

ボタンが押されたときに、このvisibilityスタイルを「visible」に変化させれば、画面上に見えるようになり、表示されるというわけです。

JavaScriptでCSSを制御するには、styleオブジェクトのプロパティを操作します。

PROGRAM CODE
```
document.getElementById('layerSticky').style.visibility = ↵
'visible';
```

このように、CSSを Ajaxで制御すれば、装飾や場所・形を変化させたり、表示・非表示を切り替えることもできます。

さらに、このレイヤーは複製して、同じものをいくつも作ることができます。次のようにプログラムを改造してみましょう。

PROGRAM CODE
```
<!DOCTYPE html PUBLIC "-//W3C//DTD XHTML 1.0 ↵
Transitional//EN" "http://www.w3.org/TR/xhtml1/DTD/xhtml1- ↵
transitional.dtd">
<html xmlns="http://www.w3.org/1999/xhtml">
<head>
<meta http-equiv="Content-Type" content="text/html; ↵
charset=UTF-8" />
<title>Ajax編：付箋紙を表示する</title>
<script type="text/javascript">
<!--
/* Ajaxを準備する */
var ajax = new XMLHttpRequest();
```

```
/* メインのファンクション */
function makeSticky() {
        /* メインの処理 */
        ajax.onload = function() {
                document.getElementById('layerSticky').↵
                innerHTML = ajax.responseText;
                document.getElementById('layerSticky').↵
                style.visibility = 'visible';
        }

        /* Ajax呼び出し処理 */
        ajax.open('GET', 'sample07-engine.php', true);
        ajax.send(null);
}

function duplicateSticky() {
        var sticky = document.getElementById('layerSticky').↵
        cloneNode(true);
        sticky.style.left = '120px';
        sticky.style.top = '90px';
        sticky.style.visibility = 'visible';

        document.getElementById('layerNewStage').↵
        appendChild(sticky);
}
// -->
</script>
<link href="../css/global.css" rel="stylesheet" ↵
type="text/css" media="all" />
<style type="text/css">
div#layerSticky {
        width: 200px;
        height: 50px;
        position: absolute;
```

```
            left: 100px;
            top: 70px;
            padding: 10px;
            background-color: #FFFF99;
            visibility: hidden;
}
</style>
</head>


<body>
<h1>Ajax編：付箋紙を表示する</h1>
<form id="formMain" name="formMain" method="post" action="">
        <p>ボタンを押してください。付箋紙を表示します。</p>
        <p>
                <input name="buttonMake" type="button" ↵
                id="buttonMake" value="付箋紙を表示する" ↵
                onClick="makeSticky()" /><br />
                <input name="buttonDuplicate" type="button" ↵
                id="buttonDuplicate" value="付箋紙を複製する" ↵
                onClick="duplicateSticky()" />
        </p>
</form>
<div id="layerSticky"></div>
<div id="layerNewStage"></div>
</body>
</html>
```

表示して、ボタンをクリックするとレイヤーが別の場所に表示されます。これは、もともとあったレイヤーのcloneメソッドを利用して複製したのです。まずは、次のようにレイヤーがひとつ増えています。

▢ PROGRAM CODE

```
<div id="layerNewStage"></div>
```

これは、複製したレイヤーを表示させる土台です。複製したレイヤーは、それを表示するレイヤーが必要になります。そして、複製したいレイヤーのcloneNodeメソッドを使って、クローン（複製品）を作ります。

PROGRAM CODE

```
var sticky = document.getElementById('layerSticky').
cloneNode(true);
```

すると、stickyというオブジェクトに複製されたレイヤーが格納されるため、後は自由にスタイルを整えて作ったレイヤーにappendChildメソッドを使って追加します。

PROGRAM CODE

```
sticky.style.left = '120px';
sticky.style.top = '90px';
sticky.style.visibility = 'visible';

document.getElementById('layerNewStage').appendChild(sticky);
```

これを繰り返すことで、レイヤーをいくつでも複製することができます。本書のChapter 9では、レイヤーの複製を使った実用例を紹介しています。

## Chapter 8-9　同期処理と非同期処理の違いを知りたい

Ajaxは「Asynchronous（非同期）」通信が特徴のひとつです。
非同期通信と同期通信の違いを確認してみます。

---

　Ajaxの「Asynchronous」は「非同期」という意味。Ajaxの最大の魅力もこの「非同期通信」で情報を処理できることです。では、この非同期通信とはなんなのでしょうか。1つ実験を行って、非同期通信の便利さを体験してみたいと思います。次のプログラムを作ってみてください。

ajax/sample08.html

■ PROGRAM CODE

```
<!DOCTYPE html PUBLIC "-//W3C//DTD XHTML 1.0
Transitional//EN" "http://www.w3.org/TR/xhtml1/DTD/xhtml1-
transitional.dtd">
<html xmlns="http://www.w3.org/1999/xhtml">
<head>
<meta http-equiv="Content-Type" content="text/html;
charset=UTF-8" />
<title>Ajax編：非同期通信を体験する</title>
<script type="text/javascript">
<!--
/* Ajaxを準備する */
ajax = new XMLHttpRequest();

/* メインのファンクション */
function viewAlert() {
    /* メインの処理 */
    ajax.onload = function() {
        window.alert(ajax.responseText);
    }

    /* Ajax呼び出し処理 */
    ajax.open('GET', 'sample08-engine.php', true);
```

```html
                ajax.send(null);
}
// -->
</script>
<link href="../css/global.css" rel="stylesheet"
type="text/css" media="all" />
</head>

<body>
<h1>Ajax編：非同期通信を体験する</h1>
<form id="formMain" name="formMain" method="post" action="">
        <p>下のボタンを押してください。しばらくした後、メッセージが表示されます。
        <br />
        右側のテキストボックスなどを使って、非同期通信を体験してください。</p>
        <p>
                <input name="buttonAlert" type="button"
                id="buttonAlert" value="アラートボックスを表示する"
                onClick="viewAlert();" />
                <input name="textSample" type="text"
                id="textSample" value="このメッセージを選択したり、消し
                てみてください。" size="50" />
        </p>
</form>
</body>
</html>
```

ajax/sample08-engine.php

PROGRAM CODE

```php
<?php
        for($i=0; $i<100000; $i++) {
                for($wait=0; $wait<100; $wait++) {
                        // ウェイトをかけて重くする
                }
```

```
            $sum += $i;
    }

    print("1～100000を足した数は".$sum."です");
?>
```

　表示して、ボタンをクリックすると、しばらく反応がありませんが辛抱強く待っていると、アラートボックスが表示されます（図8-9）。

図8-9　しばらくするとアラートボックスが表示される

　時間がかかる理由は、次の部分に秘密があります。

```
PROGRAM CODE
for($i=0; $i<100000; $i++) {
        for($wait=0; $wait<100; $wait++) {
                // ウェイトをかけて重くする
        }
        $sum += $i;
}
```

　1から100000までの数字を足した結果を出しています。さらに、その繰り返し中に意味のない繰り返しを行うことで、非常に時間のかかるプログラムになっています。
　さて、ボタンを押してからアラートボックスが表示されるまでの間、マウスでいろ

いろなところをクリックしてみてください。たとえば、右側にあるテキストボックス内のテキストを選択したり、編集したりできます。

それでは、次にopenメソッドの3つめのパラメータをfalseにしてみましょう。

```
ajax.open('GET', 'sample08-engine.php', false);
```

同じようにボタンをクリックするとアラートボックスが表示されますが、それまでの間、ユーザーは操作をすることができなくなります。テキストボックスなどをクリックしようとしても、砂時計（Windows）や虹マーク（Mac）が表示されて、クリックできません。これが、同期通信と非同期通信の違いです。

同期・非同期というのは、JavaScriptとPHPが「一緒のタイミングで動作するか・しないか」を表しています。同期通信の場合は、PHPが処理を行っている間、JavaScriptも待ち続けます。しかし、非同期通信の場合はPHPが処理をしている間もJavaScriptは動作を続けることができるため、ユーザーの操作も受け付けることができるのです。

これによって、ユーザーのストレスを軽減し、軽快なプログラムを作ることができます。

とはいえ、同期通信が必要な場合もあります。たとえば、処理をした結果を使って次の動作をしなければならない場合などに、非同期で続けて処理してしまうと、正しい結果が得られなくなってしまうかもしれません。

同期・非同期は必要に応じ、切り替えて使う必要があるというわけです。

## Chapter 8-10 フォームへの記入内容を送信したい

フォームに記入した情報を送信して、さらにデータベースに保存します。
PHPとの連携が必要になります。

GET方式や、POST方式でフォーム内容を送信するときに、ユーザーが入力した情報などを送信すれば、対話型のWebサイトを作ることができます。とはいえ、フォームへの記入内容の送信は意外と大変です。

通常、フォームを送信する場合には<form>タグの中にフォーム部品を設置し、送信ボタンをクリックすればすべての情報が送信されるようにします。しかし、JavaScriptにはこのような機能がないため、すべての情報を手作業で送信する必要があります。

早速作ってみましょう。次のプログラムを作成します。

ajax/sample09.html

```
<!DOCTYPE html PUBLIC "-//W3C//DTD XHTML 1.0
Transitional//EN" "http://www.w3.org/TR/xhtml1/DTD/xhtml1-
transitional.dtd">
<html xmlns="http://www.w3.org/1999/xhtml">
<head>
<meta http-equiv="Content-Type" content="text/html;
charset=UTF-8" />
<title>Ajax編：フォームの記入内容を送信する</title>
<script type="text/javascript">
<!--
/* Ajaxを準備する */
ajax = new XMLHttpRequest();

/* メインのファンクション */
function sendForm(message) {
        /* メインの処理 */
        ajax.onload = function() {
                window.alert(ajax.responseText);
```

```
                }

                /* Ajax呼び出し処理 */
                ajax.open('GET', 'sample09-engine.php?message=' +
                document.getElementById('textMessage').value, false);
                ajax.send(null);
        }
        // -->
        </script>
        <link href="../css/global.css" rel="stylesheet"
        type="text/css" media="all" />
        </head>

        <body>
        <h1>Ajax編：フォームの記入内容を送信する</h1>
        <form id="formMain" name="formMain" method="post" action="">
                <p>テキストボックスにメッセージを入力して、ボタンをクリックしてください。
                </p>
                <p>
                        <input name="textMessage" type="text"
                        id="textMessage" size="35" />
                        <input name="buttonSend" type="button"
                        id="buttonSend" value="送信する" onClick=
                        "sendForm(this.form.textMessage.value);" />
                </p>
        </form>
        </body>
        </html>
```

ajax/sample09-engine.php

PROGRAM CODE

```
<?php
        $message = $_GET['message'];
```

```
        print($message." --- というメッセージを受信しました");
?>
```

実行してテキストボックスにメッセージを入力してください。ボタンをクリックすると入力した内容がアラートボックスに表示されます(図8-10)。ボタンは送信ボタンにはなっておらず、JavaScriptのファンクションを呼び出しています。

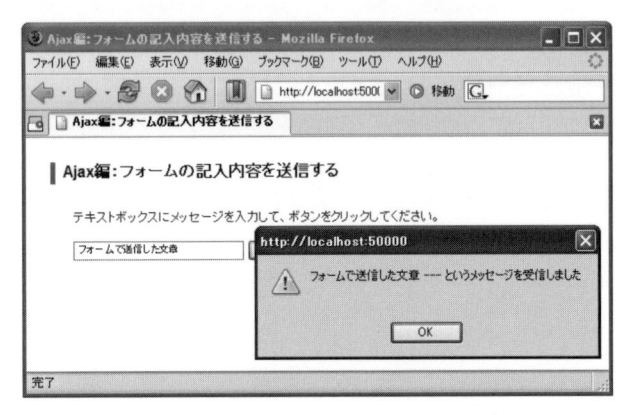

図8-10 入力した内容がアラートボックスに表示される

```
<input name="buttonSend" type="button" id="buttonSend"
value="送信する" onClick="sendForm
(this.form.textMessage.value) ;" />
```

このとき、そのファンクションのパラメータとして、次のような情報を指定しています。

```
this.form.textMessage.value
```

this.formというオブジェクトは、this(=ボタン自身)が配置されているフォームという意味になり、つまりこのボタンが入っているフォームを指すことになります。さらに、その後に続く「textMessage」は、テキストボックスのname属性なので、

このプログラムをわかりやすく言えば「自分と同じフォームの中にあるテキストボックス」という意味になります。同じフォームの中にあるフォーム部品は、このようにして、自らを基準にして指定することもできます。

パラメータで指定された情報は、JavaScriptが加工してPHPにGET方式で送信しています。

▎PROGRAM CODE
```
ajax.open('GET', 'sample09-engine.php?message=' + ↵
document.getElementById('textMessage').value, false); ↵
ajax.send(null);
```

Ajaxで情報を送信するには、このようにちょっと手間がかかります。

## Chapter 8-11 フォームに記入した情報を、データベースに保存したい

フォームに記入した情報を送信して、さらにデータベースに保存します。
PHPとの連携が必要になります。

　Ajaxとデータベースを連携すれば、実用的なWebサイトを作ることができます。次のようなプログラムを作ってみましょう。

ajax/sample10.html

```
PROGRAM CODE
<!DOCTYPE html PUBLIC "-//W3C//DTD XHTML 1.0
Transitional//EN" "http://www.w3.org/TR/xhtml1/DTD/xhtml1-
transitional.dtd">
<html xmlns="http://www.w3.org/1999/xhtml">
<head>
<meta http-equiv="Content-Type" content="text/html;
charset=UTF-8" />
<title>Ajax編：フォームの内容をデータベースに保存する</title>
<script type="text/javascript">
<!--
/* Ajaxを準備する */
ajax = new XMLHttpRequest();

/* メインのファンクション */
function sendForm(itemName, price) {
        /* メインの処理 */
        ajax.onload = function() {
                document.getElementById('layerStatus').
                innerHTML = ajax.responseText;
        }

        /* Ajax呼び出し処理 */
        ajax.open('POST', 'sample10-engine.php', false);
        ajax.setRequestHeader("Content-Type",
```

```
                "application/x-www-form-urlencoded");
                ajax.send('item_name=' + itemName + '&price=' + ↵
                price);
}
// -->
</script>
<link href="../css/global.css" rel="stylesheet"
type="text/css" media="all" />
</head>

<body>
<h1>Ajax編：フォームの内容をデータベースに保存する</h1>
<form id="formMain" name="formMain" method="post" action="">
        <p>商品名と価格を入力して、登録ボタンをクリックしてください。</p>
        <p>商品名：<br />
                <input name="item_name" type="text" ↵
                id="item_name" size="35" />
        </p>
        <p>価格：<br />
                <input name="price" type="text" id="price" ↵
                size="15" />
        </p>
        <p>
                <input name="buttonSend" type="button" ↵
                id="buttonSend" value="登録する" ↵
                onClick="sendForm(this.form.item_name.value, ↵
                this.form.price.value);" />
        </p>
</form>
<div id="layerStatus">商品を登録してください</div>
</body>
</html>
```

ajax/sample10-engine.php

```php
<?php
    $itemName = $_POST['item_name'];
    $price = $_POST['price'];

    $con = mysql_connect("localhost", "ajax", "123456");
    mysql_select_db("ajax_sample", $con);

    mysql_query("SET NAMES utf8");
    $sql = sprintf("INSERT INTO item_table SET name='%s',
price='%s'", $itemName, $price) or die(mysql_error());
    mysql_query($sql, $con);

    print("データが追加されました");
?>
```

表示すると、テキストボックスが2つ準備されています。ここに、商品名や価格を入力して［登録する］ボタンをクリックしてください。ボタン下のメッセージが変化します（図8-11）。また、phpMyAdminでテーブルを見ると、今入力した商品が追加されているのが確認できます（図8-12）。

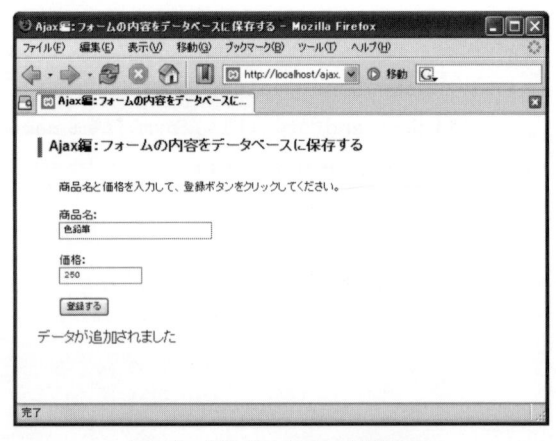

図8-11　ボタン下のメッセージが変化する

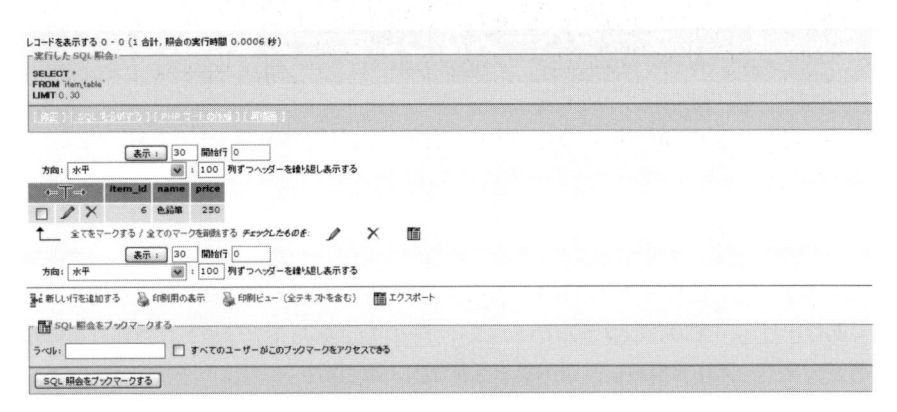

図8-12 入力した商品が追加される

　PHPへの情報の送信は、基本的に「Chapter 8-10　フォームへの記入内容を送信したい」での解説と同様です。今回はPOST方式を採用しました。

```
ajax.open('POST', 'sample10-engine.php', false);
ajax.setRequestHeader("Content-Type", "application/x-www-
form-urlencoded");
ajax.send('item_name=' + itemName + '&price=' + price);
```

　Ajaxからの情報を受信したPHPは、通常のWebプログラムと同様にフォーム変数として処理することができますので、SQLを作ってデータベースにデータを格納すればよいわけです。

```
$sql = sprintf("INSERT INTO item_table SET name='%s',
price='%s'", $itemName, $price) or die(mysql_error());
mysql_query($sql, $con);
```

## Chapter 8-12 データベースから、データを検索したい

データベースの情報を検索して、Ajaxで書き換えましょう。
さまざまな知識の応用ですが、Ajaxらしいプログラムができあがります。

データベースに情報を保存できるようになったので、今度は逆にデータベースの情報をWebページに表示させてみましょう。これまでの知識を応用すれば、なにも難しくありません。次のプログラムでは、ユーザーが記入したキーワードが含まれる情報をデータベースから検索し、レイヤーを書き換える例です。

ajax/sample11.html

PROGRAM CODE

```
<!DOCTYPE html PUBLIC "-//W3C//DTD XHTML 1.0 ↵
Transitional//EN" "http://www.w3.org/TR/xhtml1/DTD/xhtml1- ↵
transitional.dtd">
<html xmlns="http://www.w3.org/1999/xhtml">
<head>
<meta http-equiv="Content-Type" content="text/html; ↵
charset=UTF-8" />
<title>Ajax編：データベースからデータを取得する</title>
<script type="text/javascript">
<!--
/* Ajaxを準備する */
var ajax = new XMLHttpRequest();

/* メインのファンクション */
function makeTable(keyword) {
        /* メインの処理 */
        ajax.onload = function() {
                document.getElementById('layerTable'). ↵
                innerHTML = ajax.responseText;
        }

        /* Ajax呼び出し処理 */
```

```
            ajax.open('GET', 'sample11-engine.php?keyword= ↵
            ' + keyword, true);
            ajax.send(null);
}
// -->
</script>
<link href="../css/global.css" rel="stylesheet" ↵
type="text/css" media="all" />
</head>


<body>
<h1>Ajax編：データベースからデータを取得する</h1>
<form id="formMain" name="formMain" method="post" action="">
        <p>キーワードを入力して、検索ボタンをクリックしてください。↵
        データを表示します</p>
        <p>
                <input type="text" name="keyword" size="35">
                <input name="buttonMake" type="button" ↵
                id="buttonMake" value="データを表示する" ↵
                onClick="makeTable(this.form.keyword.value)" />
        </p>
</form>
<div id="layerTable">ここにリストが表示されます</div>
</body>
</html>
```

ajax/sample11-engine.php

PROGRAM CODE

```
<?php
        $keyword = $_GET['keyword'];

        $con = mysql_connect("localhost", "ajax", "123456");
        mysql_select_db("ajax_sample", $con);
```

```php
        mysql_query("SET NAMES utf8");
        $sql = sprintf("SELECT * FROM item_table WHERE name ↵
        LIKE '%%%s%%'", $keyword) or die(mysql_error());
        $record = mysql_query($sql, $con);

        $doc = "<ul>";
        while($table = mysql_fetch_assoc($record)) {
                $doc .= "<li>".$table['item_id'].": ↵
                ".$table['name']."/".$table['price']."円</li>";
        }
        $doc .= "</ul>";

        print($doc);
?>
```

表示して、テキストボックスに「鉛筆」などと記入します。ボタンをクリックすると、ページ内容が瞬時に切り替わって、商品一覧が表示されます（図8-13）。

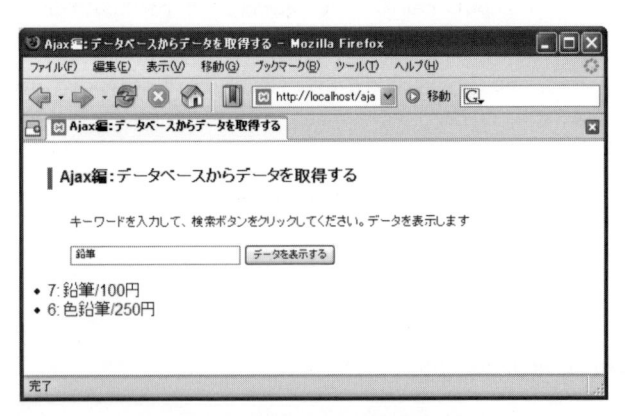

図8-13　ページ内容が商品一覧に切替わる

データの送信は、「Chapter 8-10　フォームへの記入内容を送信したい」と同様で、GET方式でデータを送信しています。

```
PROGRAM CODE
ajax.open('GET', 'sample11-engine.php?keyword=' + keyword,↵
true);
ajax.send(null);
```

PHPでは、受け取った情報を元にSQLを作成してデータベースから情報を引き出します。

```
PROGRAM CODE
$sql = sprintf("SELECT * FROM item_table WHERE name LIKE ↵
'%%%s%%'", $keyword) or die(mysql_error());
$record = mysql_query($sql, $con);
```

ここで、引き出されたデータは<ul>タグを作ってリスト化しています。そして、それを画面に出力します。

```
PROGRAM CODE
$doc = "<ul>";
while($table = mysql_fetch_assoc($record)) {
        $doc .= "<li>".$table['item_id'].": ↵
        ".$table['name']."/".$table['price']."円</li>";
}
$doc .= "</ul>";

print($doc);
```

受け取ったAjaxは、レイヤーを書き換えて、画面に出力しているというわけです。

```
PROGRAM CODE
document.getElementById('layerTable').innerHTML = ↵
ajax.responseText;
```

このように、PHPで情報を加工して、完成したものをAjaxで出力するのは、プログラムが簡単になる反面、その情報を自由に加工したり、再利用するのが難しく、応

用が利かないプログラムになってしまいます。

　そこで、通常はPHPはデータを処理するだけで、それをXMLの形にしてJavaScriptに渡し、最終的な加工はJavaScriptで行うというのが理想でしょう。次のChapter 8-13では、XMLを扱って同じことをやってみたいと思います。

# Chapter 8-13 XMLを使って画面を書き換えたい

Ajaxという名前にも含まれている「XML」を扱います。
XMLを扱うと、複雑なデータを自由に操作できるようになります。

　Ajaxには、その名前に「XML」が含まれているとおり、基本的にはXMLを使って通信を行うことが前提です。それでは、JavaScriptでXMLを解析して表示するためのプログラムを作ってみましょう。

　ここでは、プログラムを簡単にするために、XMLはすでに完成されているものとして次のようなXMLを使ってみたいと思います。

ajax/sample12-data.xml

```
<?xml version="1.0" encoding="UTF-8"?>
<item_data>
<item id="1">
<name>鉛筆</name>
<price>100</price>
</item>
<item id="2">
<name>消しゴム</name>
<price>80</price>
</item>
</item_data>
```

　それでは、これを取得してリストを作成するためのAjaxを作ってみましょう。次のようなプログラムを作りましょう。

ajax/sample12.html

```
<!DOCTYPE html PUBLIC "-//W3C//DTD XHTML 1.0
Transitional//EN" "http://www.w3.org/TR/xhtml1/DTD/xhtml1-
transitional.dtd">
```

```
<html xmlns="http://www.w3.org/1999/xhtml">
<head>
<meta http-equiv="Content-Type" content="text/html; ↵
charset=UTF-8" />
<title>Ajax編:XMLからデータを取得する</title>
<script type="text/javascript">
<!--
/* Ajaxを準備する */
var ajax = new XMLHttpRequest();

/* メインのファンクション */
function makeTable() {
        /* メインの処理 */
        ajax.onload = function() {
                var doc = '<ul>';
                var xml = ajax.responseXML;
                var items = xml.getElementsByTagName('item');
                for(var i=0; i<items.length; i++) {
                        doc += '<li>' + items[i]. ↵
                        getAttribute('id') + ": " + items[i]. ↵
                        getElementsByTagName('name')[0]. ↵
                        firstChild.nodeValue + '/' + items[i]. ↵
                        getElementsByTagName('price')[0]. ↵
                        firstChild.nodeValue + "</li>";
                }
                doc += '</ul>';

                document.getElementById('layerTable'). ↵
                innerHTML = doc;
        }

        /* Ajax呼び出し処理 */
        ajax.open('GET', 'sample12-data.xml', true);
```

```
            //ajax.setRequestHeader("Content-Type", ⏎
            "application/x-www-form-urlencoded");
            ajax.send(null);
}
// -->
</script>
<link href="../css/global.css" rel="stylesheet" ⏎
type="text/css" media="all" />
</head>


<body>
<h1>Ajax編:XMLからデータを取得する</h1>
<form id="formMain" name="formMain" method="post" action="">
        <p>ボタンを押してください。XMLからテーブルが作られます。</p>
        <p>
                <input name="buttonMake" type="button" ⏎
                id="buttonMake" value="リストを作る" ⏎
                onClick="makeTable()" />
        </p>
</form>
<div id="layerTable">ここにリストが表示されます</div>
</body>
</html>
```

XMLを取得するためには、Ajaxオブジェクトで受け取った文章をresponseXMLプロパティで取得する必要があります。これにより、XMLオブジェクトという特殊なオブジェクトが作られ、さまざまな操作を行うことができるようになります。たとえば、getElementsByTagNameメソッドなどを使って、XMLを分解していくことができます。

**PROGRAM CODE**

```
var xml = ajax.responseXML;
var items = xml.getElementsByTagName('item');
```

itemsというオブジェクトにXMLの内容が格納されました。たとえば、この中の<name>タグの要素を取得するには、次のように記述します。

■ PROGRAM CODE
```
items[0].getElementsByTagName('name')[0].firstChild.nodeText;
```

また、タグに設定された属性はgetAttributeメソッドで取得することができます。たとえば、itemタグに設定されたidタグを取得するには、次のようになります。

■ PROGRAM CODE
```
items[0].getAttribute('id')
```

このプログラムでは、for構文を使ってXMLに記録されているデータをすべて、<ul>タグでリストを作り出しています。

■ PROGRAM CODE
```
for(var i=0; i<items.length; i++) {
    doc += '<li>' + items[i].getAttribute('id') + ": " +
    items[i].getElementsByTagName('name')[0].firstChild.
    nodeValue + '/' + items[i].getElementsByTagName
    ('price')[0].firstChild.nodeValue + "</li>";
}
```

このようにして、XMLの内容を取り出していけば、XMLを使ってページ内容を作ることができます。

しかし、このプログラムはかなりわかりにくいプログラムです。XMLというデータ形式は、あくまでも「どんなソフトやシステムとの交換できる」ことを目指して作られているため、JavaScriptで処理をするということだけを考えると、どうしても処理が複雑になってしまうのです。

そこで、データ形式にこだわらずに扱いやすいデータ形式としてJSONという形式を使う方法があります。Chapter 8-14で紹介しましょう。

## Chapter 8-14　JSONを使って画面を書き換えたい

XMLは、さまざまな応用が利きますが、JavaScriptでは扱いにくいデータ形式です。
そこでよく使われるデータ形式がJSONです。

　Ajaxという名前にはXMLが含まれているのですが、最近では特にXMLにこだわらずに、単に非同期通信を行うJavaScriptのプログラムのことをAjaxと呼ぶことも多くなっています。そんなときに使われるデータ形式は、JavaScriptで扱いやすいデータ形式である「JSON（ジェイソン）」がよく使われます。
　JSONは、「JavaScript Object Notation」の略称で、名前の通りJavaScriptのために作られたデータ形式です。たとえば、次のような形式になります。

```
PROGRAM CODE
var json =
{
        'items' : {
                'item' : [{
                        'item_id' : '1',
                        'name' : '鉛筆',
                        'price' : '100',
                },
                {
                        'item_id' : '2',
                        'name' : '消しゴム',
                        'price' : '80',
                }],
        },
};
```

　このデータ形式の利点は、JavaScriptで非常にシンプルに扱うことができる点です。次のようなプログラムを作ってみてください。

ajax/sample13.html

```html
<!DOCTYPE html PUBLIC "-//W3C//DTD XHTML 1.0
Transitional//EN" "http://www.w3.org/TR/xhtml1/DTD/xhtml1-
transitional.dtd">
<html xmlns="http://www.w3.org/1999/xhtml">
<head>
<meta http-equiv="Content-Type" content="text/html;
charset=UTF-8" />
<title>Ajax編:JSONからデータを取得する</title>
<script type="text/javascript">
<!--
/* メインのファンクション */
function makeTable() {
	var json =
	{
		'items' : {
			'item' : [{
				'item_id' : '1',
				'name' : '鉛筆',
				'price' : '100',
			},
			{
				'item_id' : '2',
				'name' : '消しゴム',
				'price' : '80',
			}],
		},
	};

	var doc = '<ul>';
	for(var i=0; i<json.items.item.length; i++) {
		doc += '<li>' + json.items.item[i].item_id +
```

```
                    ": " + json.items.item[i].name + '/' + ↵
                    json.items.item[i].price + "</li>";
        }
        doc += '</ul>';

        document.getElementById('layerTable').innerHTML = doc;
}
// -->
</script>
<link href="../css/global.css" rel="stylesheet" ↵
type="text/css" media="all" />
</head>

<body>
<h1>Ajax編：JSONからデータを取得する</h1>
<form id="formMain" name="formMain" method="post" action="">
        <p>ボタンを押してください。JSONからテーブルが作られます。</p>
        <p>
                <input name="buttonMake" type="button" ↵
                id="buttonMake" value="リストを作る" ↵
                onClick="makeTable()" />
        </p>
</form>
<div id="layerTable">ここにリストが表示されます</div>
</body>
</html>
```

　表示してボタンをクリックすると、Chapter 8-13と同様のリストが表示されます。実際のプログラムも、Chapter 8-13と基本的な動きはほとんど同じです。

　ただしJSONのデータについては、単純にサーバーサイド技術から渡されただけでは処理ができないため、このサンプルプログラムは厳密にはAjaxではありません。サーバーサイド技術と連携するには、Chapter 8-15をご覧ください。

　さて、JSONの処理の仕方は、次の部分を見るとわかるとおり非常にシンプルです。

■ PROGRAM CODE

```
for(var i=0; i<json.items.item.length; i++) {
        doc += '<li>' + json.items.item[i].item_id + ": " + ⏎
        json.items.item[i].name + '/' + ⏎
        json.items.item[i].price + "</li>";
}
```

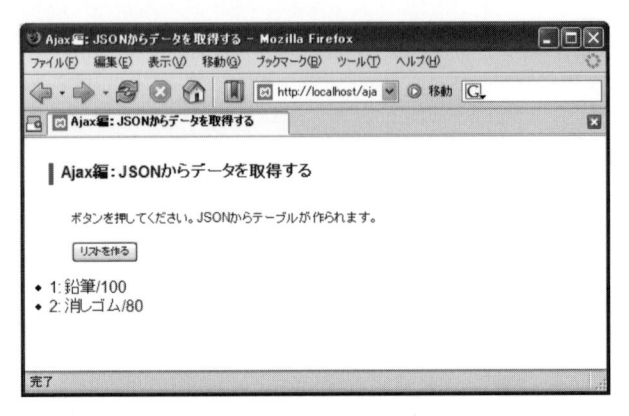

図8-14　JSONからデータを取得する

　JSONは、データ形式を特別な書き方をしておくと、それ自体を「オブジェクト」として使えるように変換してくれます。つまり、jsonオブジェクトのitemsオブジェクトのitemオブジェクトという具合に、親子関係を作ってくれるわけです。
　オブジェクト指向言語に慣れた方なら、直感的にデータを扱うことができるでしょう。

## Chapter 8-15　XMLをJSONに変換したい

XMLをJSONに変換して、扱いやすくすることができます。
ライブラリを活用すると、今までできなかったような機能を実現することができます。

　広く使われているが扱いにくいXMLを、非常に扱いやすいJSONに変換できるとしたら、Ajaxの可能性は大変広がります。そんな便利なライブラリ（ある目的のためだけに作られた、小さなプログラム）が、いくつか公開されています。ここでは、川崎有亮さんが公開している「JKL.ParseXML」というライブラリを使って、変換してみましょう。
　まずは、次のWebサイトからライブラリをダウンロードします。
http://www.kawa.net/works/js/jkl/parsexml.html

　圧縮ファイルをダウンロードして解凍します。すると、JavaScriptファイル（.js）が展開されるので、これを自分のプログラムと同じフォルダにコピーしましょう。ここでは、ウェブフォルダのajaxフォルダにコピーします。そして、HTMLに次のように書き加えてJKLライブラリをリンクします。

PROGRAM CODE

```
<script type="text/javascript" src="jkl-
parsexml.js"></script>
```

　それでは、実際にこのライブラリを活用して次のようなプログラムを作ってみましょう。

ajax/sample14.html

PROGRAM CODE

```
<!DOCTYPE html PUBLIC "-//W3C//DTD XHTML 1.0
Transitional//EN" "http://www.w3.org/TR/xhtml1/DTD/xhtml1-
transitional.dtd">
<html xmlns="http://www.w3.org/1999/xhtml">
<head>
<meta http-equiv="Content-Type" content="text/html;
charset=UTF-8" />
<title>Ajax編：XMLをJSONに変換する</title>
```

```
<script type="text/javascript" src="jkl-
parsexml.js"></script>
<script type="text/javascript">
<!--
/* メインのファンクション */
function makeTable() {
	var http = new JKL.ParseXML('sample14-data.xml');
	var json = http.parse();
	
	var doc = '<ul>';
	for(var i=0; i<json.items.item.length; i++) {
		doc += '<li>' + json.items.item[i].item_id +
		": " + json.items.item[i].name + '/' +
		json.items.item[i].price + "</li>";
	}
	doc += '</ul>';
	
	document.getElementById('layerTable').innerHTML = doc;
}
// -->
</script>
<link href="../css/global.css" rel="stylesheet"
type="text/css" media="all" />
</head>

<body>
<h1>Ajax編:XMLをJSONに変換する</h1>
<form id="formMain" name="formMain" method="post" action="">
	<p>ボタンを押してください。XMLからJSONに変換してリストが作られます。
	</p>
	<p>
		<input name="buttonMake" type="button"
		id="buttonMake" value="リストを作る"
		onClick="makeTable()" />
```

```
        </p>
    </form>
    <div id="layerTable">ここにリストが表示されます</div>
</body>
</html>
```

ajax/sample14-data.xml

```
<?xml version="1.0" encoding="UTF-8"?>
<items>
<item>
<item_id>1</item_id>
<name>鉛筆</name>
<price>100</price>
</item>
<item>
<item_id>2</item_id>
<name>消しゴム</name>
<price>80</price>
</item>
</items>
```

画面を表示してボタンをクリックすると、XMLを解析してリストが表示されます（図8-15）。

図8-15　XMLをJSONに変換する

一見してわかるとおり、このライブラリを利用した場合には、プログラムの作り方がかなり変わってきます。まずは、次の部分を見てみましょう。

■PROGRAM CODE
```
var http = new JKL.ParseXML('sample14-data.xml');
var json = http.parse();
```

ライブラリを利用して、XMLを読み込みます。httpというオブジェクトに格納されるので、そのparseメソッドを使えば、すぐにJSONに変換されます。この間、Ajaxの通信などはJKLライブラリが勝手に行ってくれるため、プログラムを書く必要がありません。

後は、jsonオブジェクトを、Chapter 8-14と同様に処理しながらリストを作るだけです。

■PROGRAM CODE
```
for(var i=0; i<json.items.item.length; i++) {
    doc += '<li>' + json.items.item[i].item_id + ": " +
    json.items.item[i].name + '/' +
    json.items.item[i].price + "</li>";
}
```

このようにライブラリを使うと、これまで不可能だったことが可能になったり、非常に楽にプログラムを作ることができるようになります。是非活用してください。

なお、JKLライブラリの詳しい利用方法などは、以下のサイトのドキュメントなどを参照してください。

http://www.kawa.net/works/js/jkl/parsexml.html

## Chapter 8-16 イベントを後から割り当てたい

JavaScriptの特徴であるイベントドリブン。イベントを割り当ててプログラムを作動させますが、そのタイミングを自由に制御することができます。

　タグにonClickなどの属性を加えることで、イベントを割り当てることができました。しかし、場合によってはイベントを後から割り当てたい場合や、逆に取り外したい場合、また割り当てるファンクションを変えたい場合なども出てきます。そんなときは、JavaScriptを使って後からイベント内容を書き換えることができます。次のようなプログラムを作りましょう。

ajax/sample15.html

```
PROGRAM CODE
<!DOCTYPE html PUBLIC "-//W3C//DTD XHTML 1.0 ↵
Transitional//EN" "http://www.w3.org/TR/xhtml1/DTD/xhtml1- ↵
transitional.dtd">
<html xmlns="http://www.w3.org/1999/xhtml">
<head>
<meta http-equiv="Content-Type" content="text/html; ↵
charset=UTF-8" />
<title>Ajax編：イベントを後から割り当てる</title>
<script type="text/javascript" src="jkl-parsexml.js">
</script>
<script type="text/javascript">
<!--
/* メインのファンクション */
function addEvent() {
        document.getElementById('buttonAlert'). ↵
        addEventListener("click", viewAlert, true);
        document.getElementById('buttonAlert'). ↵
        value = 'アラートボックスを表示する';
}

function viewAlert(e) {
```

```
        alert('イベントが割り当てられました');
}
// -->
</script>
<link href="../css/global.css" rel="stylesheet" ↵
type="text/css" media="all" />
</head>

<body>
<h1>Ajax編:イベントを後から割り当てる</h1>
<form id="formMain" name="formMain" method="post" action="">
        <p>左側のボタンを押してみてください。何も起こりません。↵
        次に、右のボタンを押してから左のボタンを押してください。</p>
        <p>
                <input name="buttonAlert" type="button" ↵
                id="buttonAlert" value="クリックできません" />
                <input name="buttonEvent" type="button" ↵
                id="buttonEvent" value="イベントを割り当てる" ↵
                style="margin-left: 10px" ↵
                onClick="addEvent()"/>
        </p>
</form>
</body>
</html>
```

　左側のボタンをクリックしてもなにも起こりません。しかし、右側のボタンをクリックすると、左側のボタンの文章が変化します。そして、クリックするとアラートボックスが表示されます（図8-16）。

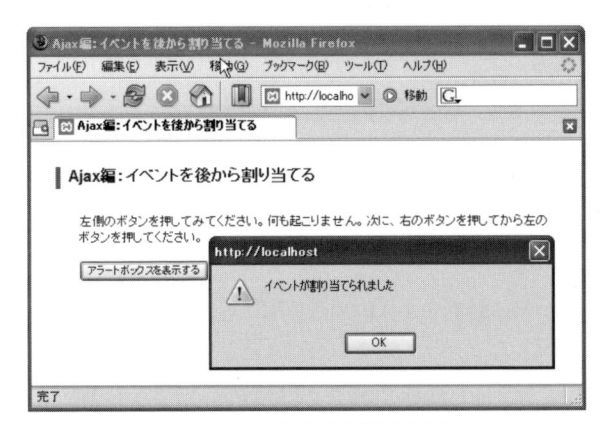

図8-16 アラートボックスが表示される

まずは、HTMLを見てみましょう。

```
<input name="buttonAlert" type="button" id="buttonAlert"
value="クリックできません" />
<input name="buttonEvent" type="button" id="buttonEvent"
value="イベントを割り当てる" style="margin-left: 10px"
onClick="addEvent()" />
```

右側のボタンには、あらかじめイベントが割り当てられていますが、左側のボタンには割り当てられていません。これでは、クリックしても反応がないのは当たり前です。右側のボタンがクリックしたときは、次のようなプログラムが動きます。

```
function addEvent() {
    document.getElementById('buttonAlert').
    addEventListener("click", viewAlert, true);
    document.getElementById('buttonAlert').
    value = 'アラートボックスを表示する';
}
```

オブジェクトに対して、addEventListenerメソッドを使います。パラメータとしては、次のようになります。

```
オブジェクト.addEventListener(イベント名, イベントが起こったときの
ファンクション, キャプチャ);
```

3つめのパラメータは基本的に、trueを指定しておきます。まずは、最初にどんなイベントを割り当てるかを指定します。ここでは、クリックされたときに割り当てるため「click」と指定しています。タグの属性でイベントを割り当てるときの「onClick」から「on」を取り除いたものだと考えるとよいでしょう。

そして、2つめのパラメータでファンクションを指定しています。そのファンクションは次のようになります。

```
function viewAlert(e) {
    alert('イベントが割り当てられました');
}
```

内容は、アラートボックスを単純に表示するだけのものです。eというパラメータが指定されていますが、これはイベントが起こったときのマウスカーソルの位置など、さまざまな値が詰まったオブジェクトです。Chapter 9で具体的な使い方を紹介しています。

addEventListenerは後からイベントを割り当てることができるため、ひとつのオブジェクトにそのときの状況に応じたイベントを割り当てることができ、非常に高度なプログラムを作ることができます。活用しましょう。

## Chapter 8-17 : 外部のWebサイトと通信した Ajaxプログラム

JavaScriptは、セキュリティ上の理由で同一Webサーバー上のプログラムとしか通信することができません。
ここでは、PHPを応用的に利用することで、その問題を解決します。

たとえば、Yahoo! JAPANのWebサイト検索結果のページなど、他のWebサイトの情報を活用したAjaxプログラムを作ろうとする場合、次のようなプログラムを作りたくなるかもしれません。

PROGRAM CODE

```
ajax.open('GET', 'http://www.yahoo.co.jp/', true);
ajax.send(null);
```

しかし、これは正常に動作しません。なぜならJavaScriptは、セキュリティ上の理由で外部のWebサーバーとは通信できない作りになっているためです。では、このようにほかのWebサイトと連携した動作をすることはできないのでしょうか？
実際にはサーバーサイドスクリプトと連携すれば可能になります。次のようなプログラムを作ってみましょう。

ajax/sample16.html

PROGRAM CODE

```
<!DOCTYPE html PUBLIC "-//W3C//DTD XHTML 1.0 ↲
Transitional//EN" "http://www.w3.org/TR/xhtml1/DTD/xhtml1-↲
transitional.dtd">
<html xmlns="http://www.w3.org/1999/xhtml">
<head>
<meta http-equiv="Content-Type" content="text/html; ↲
charset=UTF-8" />
<title>Ajax編：外部のWebサイトと連携する</title>
<script type="text/javascript" src="jkl-parsexml.js">
</script>
<script type="text/javascript">
<!--
/* Ajaxを準備する */
```

```
ajax = new XMLHttpRequest();

/* メインのファンクション */
function sendOutside(keyword) {
        /* メインの処理 */
        ajax.onload = function() {
        document.getElementById('layerResult').
        innerHTML = ajax.responseText;
        }

        /* Ajax呼び出し処理 */
        ajax.open('GET', 'sample16-engine.php?keyword=
        ' + keyword, true);
        ajax.send(null);
}
// -->
</script>
<link href="../css/global.css" rel="stylesheet"
type="text/css" media="all" />
</head>

<body>
<h1>Ajax編：外部のウェブサイトと連携する</h1>
<form id="formMain" name="formMain" method="post" action="">
        <p>キーワードを入力してボタンをクリックしてください。
        外部Webサーバーのメッセージが表示されます。</p>
        <p>
                <input name="keyword" type="text" id="keyword"
                size="35" />
                <input name="buttonSend" type="button"
                id="buttonSend" value="検索" onClick=
                "sendOutside(this.form.keyword.value)" />
        </p>
```

```html
</form>
<div id="layerResult">ここに結果が表示されます</div>
</body>
</html>
```

ajax/sample16-engine.php

```php
<?php
        $keyword = $_GET['keyword'];

        readfile("http://www.xxx.xxx.xxx/ajax/
        sample16-engine-out.php?keyword=".$keyword);
?>
```

ajax/sample16-engine-out.php

```php
<?php
        $keyword = $_GET['keyword'];

        print($keyword."--- というメッセージを受信しました");
?>
```

そして、sample16-engine-out.phpファイルはFTPソフトなどでレンタルサーバーなどにアップロードしてください。そのURLをsample16-engine.phpの次の箇所に指定します。

```
readfile("http://www.xxx.xxx.xxx/ajax/sample16-engine-
out.php?keyword=".$keyword);
```

画面を表示してボタンをクリックすると、ボタンの下のレイヤーが変化します（図8-17）。

図8-17　ボタン下のレイヤーが変化する

　Ajaxのプログラム自体は、これまでのプログラムとほとんど変わりありません。PHPの次の場所に注目してください。

```
readfile("http://www.xxx.xxx.xxx/ajax/sample16-engine-
out.php?keyword=".$keyword);
```

　readfileというファンクションは、ファイルの内容を読み込んで画面に出力するためのファンクションです。このファンクションでは、URLを指定すると外部のWebサーバーの情報を読み出すことができるようになります。これを利用して、Ajaxで外部Webサーバーの情報を利用しているというわけです。
　ただし、外部の情報を使う場合にはAjax用に加工されていない情報があるため、加工の手間がかかる場合があります。また、著作権や利用規約などがありますので、しっかり確認しながら利用しましょう。

# Chapter 8-18 ブラウザ依存問題を解決したい

本書では、FIrefoxに依存したプログラムを使ってきました。
実用のプログラムを開発するために、ブラウザの依存問題を解決しましょう。

　本書で扱っているプログラムは、すべてFirefoxのみで動作します。Safariなどの一部のWebブラウザでは動作しますが、動作が不安定な場合があります。Windows版のMicrosoft Internet Explorerでは動作すらしません。これは、Webブラウザ間でAjaxオブジェクトの扱いに差があるためで、すべてのWebブラウザに対応したAjaxプログラムを作るのは非常に手間がかかります。

　現在、たくさんの開発者たちが、一つ一つの事象について調査とその回避策を考えて、blogなどで発表しています。これらを一つ一つ取り入れていくのももちろん手ですが、それらの問題を解決したライブラリが配布されており、これを使うことで解決する方が簡単で確実です。ここでは有名なライブラリの1つである、prototype.jsというライブラリを使ってみることにしましょう。

　まずは、次のサイトからprototype.jsをダウンロードします。

http://prototype.conio.net/

　ダウンロードすると、いくつかのサンプルプログラムやドキュメント類が付属してきますが、必要なのはdistディレクトリの中のprototype.jsだけです。これをsitesフォルダにコピーしましょう。ajaxフォルダにコピーするとよいでしょう。

　このライブラリを使う場合には、HTMLファイルに次のようにファイルに書き加えます。

**PROGRAM CODE**

```
<script type="text/javascript" src="prototype.js"></script>
```

　これで、利用する準備が完了です。それでは、サンプルとして次のようなプログラムを作ってみましょう。

ajax/sample17.html

**PROGRAM CODE**

```
<!DOCTYPE html PUBLIC "-//W3C//DTD XHTML 1.0 ↵
```

```
Transitional//EN" "http://www.w3.org/TR/xhtml1/DTD/xhtml1-↵
transitional.dtd">
<html xmlns="http://www.w3.org/1999/xhtml">
<head>
<meta http-equiv="Content-Type" content="text/html; ↵
charset=UTF-8" />
<title>Ajax編:prototype.jsを利用する</title>
<script type="text/javascript" src="prototype.js"></script>
<script type="text/javascript">
function viewMessage() {
var neoAjax = new Ajax.Request('sample17-engine.php', ↵
{method: 'get', onComplete: showResponse});
}
function showResponse(originalRequest) {
        document.getElementById('layerResult').innerHTML = ↵
        originalRequest.responseText;
}
</script>
<link href="../css/global.css" rel="stylesheet" ↵
type="text/css" media="all" />
</head>
<body>
<h1>Ajax編:prototype.jsを利用する</h1>
<form id="formMain" name="formMain" method="post" action="">
<p>ボタンをクリックしてください。メッセージが表示されます。</p>
<p>
<input name="buttonShow" type="button" id="buttonShow" ↵
value="表示する" onClick="viewMessage()" />
</p>
</form>
<div id="layerResult">ここに結果が表示されます</div>
</body>
</html>
```

ajax/sample17-engine.php

PROGRAM CODE

```php
<?php
print("PHPで出力したメッセージです");
?>
```

　画面を表示してボタンをクリックすると、ボタンの下のメッセージが変わるというおなじみのプログラムです（画面8-18）。しかし、これまでのプログラムがFirefoxでしか動作しなかったのに比べ、このプログラムはInternet Explorerでも安定して動作します（画面8-19）。

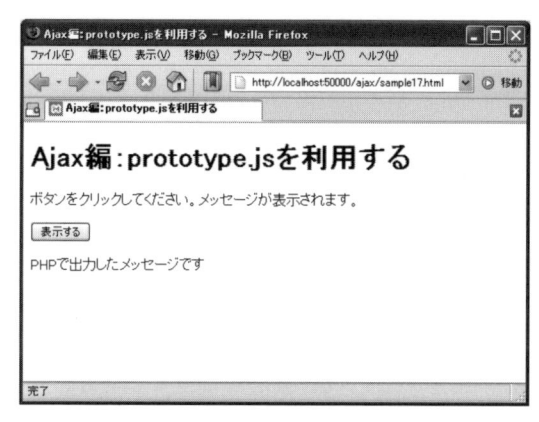

図8-18　Firefox画面

図8-19　Internet Explorer画面

prototype.jsを使った場合、プログラムの作り方は非常に独特なものになります。ファイルをリンクすると「Ajax」というオブジェクトが利用できるため、まずはこれを使ってインスタンスを作ります。

```
var neoAjax = new Ajax.Request('sample17-engine.php', ⏎
{method:'get',onComplete: showResponse});
```

　このとき、呼び出すPHPのファイル名や、メソッドなども指定します。そして、受信が完了したら（＝onComplete）、「showResponse」というファンクションを使うという指定がされています。そのshowResponseというファンクションは次のようになっています。

```
function showResponse(originalRequest) {
document.getElementById('layerResult').innerHTML = ⏎
originalRequest.responseText;
}
```

　originarlRequestとは、showResponseのパラメータでprototype.jsを使って受信した場合には、自動的にこれが指定されます。後は、これまでと同様にresponseTextプロパティやresponseXMLプロパティを使って処理していくことになります。
　prototype.jsの詳しい使い方は、上記オフィシャルサイトや次のサイトなどで詳しく解説されています。
http://www.imgsrc.co.jp/~kuriyama/prototype/prototype.js.html

Part V　もっとAjax

## Chapter 9
# データベースと連携した付箋紙プログラム

## Chapter 9-1 プログラムの紹介

ここでは、これから作る付箋紙プログラムを簡単に紹介します。
どのようなプログラムが必要なのか、想像してみましょう。

　ここでは、腕試し編、実践編で学んできた知識を使って、少し実践的なプログラムを作ってみたいと思います。そこで、こんな付箋紙プログラムを作ってみましょう（図9-1）。このプログラムでは、付箋紙をいくつも画面に貼り付けることができます。また、テキストボックス内にメモを記入して、上部のバーをドラッグドロップすれば、場所を移動することができます。

図9-1　付箋紙プログラム（完成図）

　これらの付箋紙の数や位置、メッセージの内容はリアルタイムにデータベースに記録されます。万一ブラウザを閉じてしまった場合なども、開くと情報が再現されるというわけです。このプログラムにはさまざまなテクニックが含まれていますので、ぜひがんばって作ってみましょう。
　なお、このChapter 9では各作業の細かい解説は省いています。わからない部分については、腕試し編や実践編を見直して、しっかり確認しておいてください。

　今回作成するプログラムの全文は、次の通りです。

ajax/sticky/index.html

PROGRAM CODE

```
<!DOCTYPE html PUBLIC "-//W3C//DTD XHTML 1.0 ↵
Transitional//EN" "http://www.w3.org/TR/xhtml1/DTD/xhtml1- ↵
transitional.dtd">
<html xmlns="http://www.w3.org/1999/xhtml">
<head>
<meta http-equiv="Content-Type" content="text/html; ↵
charset=UTF-8" />
<link href="/css/global.css" rel="stylesheet" ↵
type="text/css" media="all" />
<title>スティッキー</title>
<script type="text/javascript" src="jkl-parsexml.js">
</script>
<script type="text/javascript">
var layerTarget;         //  操作対象の付箋紙
var layerCount = 0;      //  付箋紙にIDを付加するための番号

//  新しい付箋紙を作る
function makeNewSticky(id, top, left, message) {
        var sticky = document.getElementById('layerSticky'). ↵
        cloneNode(true);
        layerCount++;
        if(id == '') {
                sticky.setAttribute('id', 'sticky' + ↵
                layerCount);
        }
        else {
                sticky.setAttribute('id', id);
        }
        sticky.style.left = left + 'px';
        sticky.style.top = top + 'px';
        sticky.lastChild.firstChild.value = message;
        sticky.style.visibility = 'visible';
```

```
        sticky.firstChild.addEventListener("mousedown", ↵
        startDrag, true);
        sticky.firstChild.addEventListener("mouseup", ↵
        finishDrag, true)
        sticky.lastChild.firstChild.addEventListener("blur", ↵
        saveMessage, true);
        sticky.firstChild.firstChild.addEventListener ↵
        ("mousedown", closeSticky, true);

        document.getElementById('layerStage'). ↵
        appendChild(sticky);

        if(id == '') {
                save("new", sticky.id, sticky.style.top, ↵
                sticky.style.left, '');
        }
}

function closeSticky(e) {
        var panel = this.parentNode.parentNode;
        document.getElementById('layerStage'). ↵
        removeChild(panel);
        save("remove", panel.id, '', '', '');
}

// 入力された文章を保存する
function saveMessage(e) {
        var panel = this.parentNode.parentNode;
        save("change", panel.id, panel.style.top, ↵
        panel.style.left, this.value);
}

// 付箋紙を移動する
```

```
function startDrag(e) {
        layerTarget = this.parentNode;
}

function doDrag(e) {
        if(layerTarget != null) {
                document.getElementById(layerTarget.id).↵
                style.left = (e.clientX - 100) + "px";
                document.getElementById(layerTarget.id).↵
                style.top = (e.clientY - 5) + "px";
        }
}

function finishDrag(e) {
        // 移動位置を保存
        save('change', layerTarget.id, layerTarget.style.top,↵
        layerTarget.style.left,↵
        layerTarget.lastChild.firstChild.value);
        layerTarget = null;
}

// 初期化
var ajax = new XMLHttpRequest();
function init() {
        window.addEventListener("mousemove", doDrag, true);

        var http = new JKL.ParseXML('sticky-↵
        engine.php?action=load');
        http.setOutputArrayAll();
        var data = http.parse();
        for(var i=0; i<data.stickys[0].sticky.length; i++) {
                var x = data.stickys[0].sticky[i];
                if(x.message == null) {
```

```
                    message = '';
            }
            else {
                    message = x.message;
            }
            makeNewSticky(x.id, x.locate_top, ↵
            x.locate_left, message);
    }
}

// 保存
function save(action, id, top, left, message) {
    ajax.onload = function() {
    }
    ajax.open('POST', 'sticky-engine.php', true);
    ajax.setRequestHeader("Content-Type", ↵
    "application/x-www-form-urlencoded");
    ajax.send('action=' + action + '&id=' + id + ↵
    '&top=' + top + '&left=' + left + '&message=' + ↵
    message);
}
</script>
<style type="text/css">
form {
    margin: 0px 0px 15px 0px;
}
.sticky {
    position: absolute;
    left: 233px;
    top: 61px;
    border: solid 1px #FFD200;
    padding: 0px;
    margin: 0px;
```

```
}
.sticky div#layerStickyHeader {
        background-color: #FFE400;
        font-size: 3px;
        padding: 1px 2px 3px 2px;
        text-align: right;
}
.sticky div#layerStickyBody {
        background-color: #FEFCD3;
        margin: 0px;
        padding: 7px;
        font-size: 10px;
}
#spanClose {
        color: #FFFFFF;
        cursor: pointer;
        padding: 0px 2px;
        background-color: #FF671D;
}

</style>
</head>

<body onLoad="init();">
<h1>スティッキー</h1>
<form id="formMain" name="formMain" method="post" action="">
        <input name="buttonNew" type="button" id="buttonNew" ↵
        value="新しい付箋紙" onClick="makeNewSticky ↵
        ('', 120, 100, '')" />
</form>
<div id="layerStage">
<div class="shadow">
<div id="layerSticky" class="sticky" style="visibility: ↵
```

```
hidden"><div id="layerStickyHeader"><span id="spanClose">X ↵
</span></div><div id="layerStickyBody"><input ↵
name="textMessage" type="text" id="edit" size="25" ↵
/></div></div></div></div>
</body>
</html>
```

ajax/sticky/sticky-engine.php

```
<?php
    $action = $_REQUEST['action'];
    $id = $_POST['id'];
    $top = $_POST['top'];
    $left = $_POST['left'];
    $message = $_POST['message'];

    // データベースへの接続
    $con = mysql_connect("localhost", "ajax", "123456");
    mysql_select_db("ajax_sample", $con);
    mysql_query("SET NAMES utf8");

    if($action == "load") {
        $sql = sprintf("SELECT * FROM sticky_table");
        $record = mysql_query($sql, $con);
        $ret = "<stickys>";
        while($table = mysql_fetch_assoc($record)) {
            $ret .= "<sticky>";
            $ret .= "<id>".$table['id']."</id>";
            $ret .= "<locate_top>" ↵
                .$table['locate_top']."</locate_top>";
            $ret .= "<locate_left>".$table ↵
                ['locate_left']."</locate_left>";
```

```php
                $ret .= "<message>".$table
                ['message']."</message>";
                $ret .= "</sticky>";
        }
        $ret .= "</stickys>";

        print($ret);
}
if($action == "new") {
        $sql = sprintf("INSERT INTO sticky_table SET ↵
        id='%s', locate_top=%d, locate_left=%d,↵
        message='%s'",
                $id,
                $top,
                $left,
                $message
                );
}
else if($action == "change") {
        $sql = sprintf("UPDATE sticky_table SET ↵
        locate_top=%d, locate_left=%d, message='%s' ↵
        WHERE id='%s'",
                $top,
                $left,
                $message,
                $id
                );
}
else if($action == "remove") {
        $sql = sprintf("DELETE FROM sticky_table ↵
        WHERE id='%s'", $id);
}
else {
```

```
                print("");
                exit();
        }

        // データベースへの接続
        mysql_query($sql, $con);

        print($sql);
?>
```

なお、このプログラムを作るためには実践編の「Chapter 8-15　XMLをJSONに変換したい」で紹介した、JKLライブラリが必要です。ファイルをstickyフォルダにコピーしておいてください。

それでは、主要な部分を紹介していきましょう。

## Chapter 9-2　準備作業

まずは、Ajaxでの開発を始めるための準備をしましょう。
付箋紙プログラムの土台となる作業です。

まずは、このプログラムではデータベースに情報を保管しますので、次のテーブルを作っておきます。

```
CREATE TABLE sticky_table(
        id varchar(25),
        locate_top int,
        locate_left int,
        message varchar(255)
        );
```

次に、付箋紙の元を作っていきます。この付箋紙は、3つのレイヤーを組み合わせて作っています（図9-2）。

```
┌─ layerSticky ──────────────┐
│  ┌──────────────────────┐  │
│  │    layerStickyHeader │  │
│  └──────────────────────┘  │
│  ┌──────────────────────┐  │
│  │                      │  │
│  │    layerStickyBody   │  │
│  │                      │  │
│  └──────────────────────┘  │
└────────────────────────────┘
```

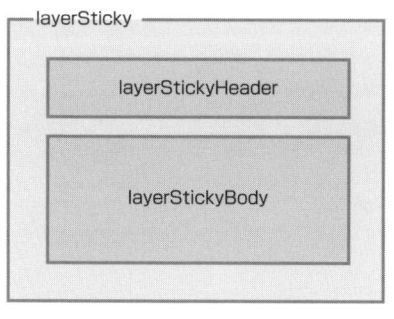

図9-2　3つのレイヤーの組み合わせ

```
<div id="layerSticky" class="sticky" style="visibility:
hidden"><div id="layerStickyHeader"><span id="spanClose">×
</span></div><div id="layerStickyBody"><input
name="textMessage" type="text" id="edit" size="25"/>
</div></div></div>
```

また、それぞれにidやclassを定義してスタイルシートで定義しています。スタイルシートの内容は次の通りです。

```
form {
        margin: 0px 0px 15px 0px;
}
.sticky {
        position: absolute;
        left: 233px;
        top: 61px;
        border: solid 1px #FFD200;
        padding: 0px;
        margin: 0px;
}
.sticky div#layerStickyHeader {
        background-color: #FFE400;
        font-size: 3px;
        padding: 1px 2px 3px 2px;
        text-align: right;
}
.sticky div#layerStickyBody {
        background-color: #FEFCD3;
        margin: 0px;
        padding: 7px;
        font-size: 10px;
}
#spanClose {
        color: #FFFFFF;
        cursor: pointer;
        padding: 0px 2px;
        background-color: #FF671D;
}
```

これで、図9-3のような付箋紙が完成しました。ここで作った付箋紙は、layerStageというレイヤーに配置しておきます。ここに、付箋紙が貼られることになります。

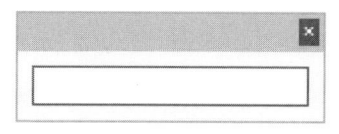

図9-3　付箋紙の完成

　さて、最後にこの付箋紙の元は隠しておきます。そして、実際にはこれが表示されることはありません。この付箋紙はあくまでも元であって、実際の付箋紙はこれをコピーして作っていきます。

```
<div id="layerSticky" class="sticky" style="visibility: hidden">
```

## Chapter 9-3　新しい付箋紙を作る処理

新しい付箋紙を作ります。レイヤーの複製と表示を応用します。

それでは、付箋紙をコピーする部分を作っていきましょう。まずは、ボタンを1つ配置します。

このボタンのアクションとして、次のようなプログラムを指定します。

**PROGRAM CODE**

```
//　新しい付箋紙を作る
function makeNewSticky(id, top, left, message) {
        var sticky = document.↵
        getElementById('layerSticky').cloneNode(true);
        layerCount++;
        if(id == '') {
                sticky.setAttribute('id', 'sticky' + ↵
                layerCount);
        }
        else {
                sticky.setAttribute('id', id);
        }
        sticky.style.left = left + 'px';
        sticky.style.top = top + 'px';
        sticky.lastChild.firstChild.value = message;
        sticky.style.visibility = 'visible';

        document.getElementById('layerStage').↵
        appendChild(sticky);
}
```

cloneメソッドを使って、レイヤーを複製します。id属性にオリジナルの番号を付けるために、プログラムの先頭でカウンタ用の変数を準備しておき、新しい付箋紙が作られるたびに新しい番号が作られるようにします。

| PROGRAM CODE |

```
var layerCount = 0;    // 付箋紙にIDを付加するための番号
```

　これにより、付箋紙には「sticky1」「sticky2」…という名前が付くことになります。

　まずはここまでの状態で動作させてみましょう。ボタンをクリックすると付箋紙が表示されます（図9-4）。ここで表示された付箋紙は、複製された付箋紙です。

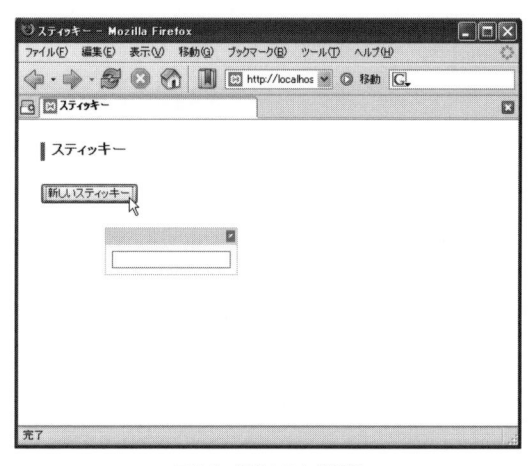

図9-4　複製された付箋紙

　なお、何度クリックしても見た目は変わりません。これは、実際には複製されているのですが、重なってしまうため違いがわからないのです。付箋紙が作られていることは、次のドラッグドロップを作ってから、改めて確認してみましょう。

## Chapter 9-4　付箋紙をドラッグドロップする

次はドラッグドロップです。イベントの割り当てがポイントです。

　付箋紙のドラッグドロップ処理をするためには、イベントを割り当てます。先ほどのmakeNewStickyファンクションの一番下のあたりに次のように書き加えてください。

■ PROGRAM CODE

```
// 新しい付箋紙を作る
function makeNewSticky(id, top, left, message) {
        var sticky = document.getElementById
        ('layerSticky').cloneNode(true); ⏎
        layerCount++;
        if(id == '') {
                sticky.setAttribute('id', 'sticky' + ⏎
                layerCount);
        }
        else {
                sticky.setAttribute('id', id);
        }
        sticky.style.left = left + 'px';
        sticky.style.top = top + 'px';
        sticky.lastChild.firstChild.value = message;
        sticky.style.visibility = 'visible';

        sticky.firstChild.addEventListener("mousedown", ⏎
        startDrag, true);
        sticky.firstChild.addEventListener("mouseup", ⏎
        finishDrag, true);

        document.getElementById('layerStage'). ⏎
        appendChild(sticky);
}
```

addEventListenerで、マウスでボタンを押し込んだときと、離したときにイベントを割り当てています。そのイベント内容は次のようになっています。

```
// 付箋紙を移動する
function startDrag(e) {
        layerTarget = this.parentNode;
}


function finishDrag(e) {
        layerTarget = null;
}
```

実際にはここではなにもせず、「ドラッグされる対象」を変数に保管しています。プログラムの先頭で、次のように準備していました。

```
var layerTarget;         // 操作対象の付箋紙
```

次に、bodyタグに次のように書き加えてください。

```
<body onLoad="init();">
```

bodyのonLoadイベント、つまりページが表示されたときに実行されるイベントです。このイベントに次のようなファンクションを割り当てます。プログラムの最後に書き加えましょう。

```
// 初期化
var ajax = new XMLHttpRequest();
function init() {
        window.addEventListener("mousemove", doDrag, true);
}
```

ブラウザ内でマウスが動いているときに、常にイベントが発生します。本体は次のようなプログラムになります。

```
function doDrag(e)
{
        if(layerTarget != null) {
                document.getElementById(layerTarget.id).
                style.left = (e.clientX - 100) + "px";
                document.getElementById(layerTarget.id).
                style.top = (e.clientY - 5) + "px";
        }
}
```

　e.clientXは、マウスカーソルの位置を取得するプロパティです。ここでは、このカーソルの位置を付箋紙の半分（＝縦：5px、横：100px）ずらすことで、中心にマウスカーソルが来るように調整しています。つまり、マウスのボタンが押されるとlayerTargetがnullではなくなるので、その付箋紙の位置がマウスの位置に合うというわけです。

　これで、ドラッグドロップができるようになりました。動作させてみましょう（図9-5）。

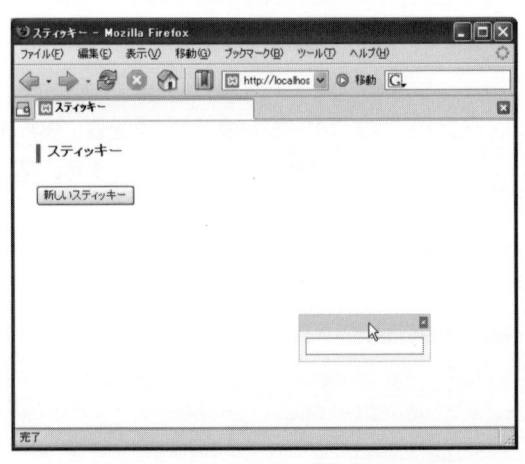

図9-5　付箋紙がドラッグドロップできるようになった

## Chapter 9-5 情報を記録する

入力した情報を記録します。PHPでMySQLを制御していきます。

次に情報の記録です。情報を記録するのは、次のアクションが起きたときです。

・新しい付箋紙が複製されたとき
・付箋紙の場所を移動したとき
・付箋紙のテキストボックスにメッセージを書き込んだとき・修正したとき

まずは、情報を記録するためのファンクションを作ります。

■ PROGRAM CODE
```
// 保存
function save(action, id, top, left, message) {
    ajax.onload = function() {
    }
    ajax.open('POST', 'sticky-engine.php', true);
    ajax.setRequestHeader("Content-Type",
    "application/x-www-form-urlencoded");
    ajax.send('action=' + action + '&id=' + id + '&top='
    + top + '&left=' + left + '&message=' + message);
}
```

まず、新しい付箋紙が複製されたときの処理を書き加えます。makeNewStickyファンクションに次のように書き加えます。

■ PROGRAM CODE
```
// 新しい付箋紙を作る
function makeNewSticky(id, top, left, message) {
    var sticky = document.getElementById('layerSticky').
    cloneNode(true);
    layerCount++;
```

```
        if(id == '') {
                sticky.setAttribute('id', 'sticky' + ↵
                layerCount);
        }
        else {
                sticky.setAttribute('id', id);
        }
        sticky.style.left = left + 'px';
        sticky.style.top = top + 'px';
        sticky.lastChild.firstChild.value = message;
        sticky.style.visibility = 'visible';

        sticky.firstChild.addEventListener("mousedown", ↵
        startDrag, true);
        sticky.firstChild.addEventListener("mouseup", ↵
        finishDrag, true)

        document.getElementById('layerStage'). ↵
        appendChild(sticky);

        save("new", sticky.id, sticky.style.top, ↵
        sticky.style.left, '');
}
```

これにより、新しい付箋紙を複製されたときに、データベースに情報が記録されるようになります。次に、付箋紙を移動したときに、新しい位置を記録する必要があります。finishDragファンクションを次のように書き換えましょう。

```
function finishDrag(e) {
        save('change', layerTarget.id, layerTarget.style.↵
        top, layerTarget.style.left, ↵
        layerTarget.lastChild.firstChild.value);
        layerTarget = null;
```

```
}
```

　saveファンクションの、最初のパラメータを「change」にしておけば、既存のデータが上書きされ、付箋紙の新しい位置が記録されるようになります。
　次に必要なのは、テキストボックスの内容が変化したときです。これは、テキストボックスからテキストカーソルがなくなったときに発生するようにしましょう。次のように、新しいイベントを追加します。

**PROGRAM CODE**

```
// 新しい付箋紙を作る
function makeNewSticky(id, top, left, message) {
        var sticky = document.getElementById('layerSticky').
        cloneNode(true);
        layerCount++;
        if(id == '') {
                sticky.setAttribute('id', 'sticky' +
                layerCount);
        }
        else {
                sticky.setAttribute('id', id);
        }
        sticky.style.left = left + 'px';
        sticky.style.top = top + 'px';
        sticky.lastChild.firstChild.value = message;
        sticky.style.visibility = 'visible';

        sticky.firstChild.addEventListener("mousedown",
        startDrag, true);
        sticky.firstChild.addEventListener("mouseup",
        finishDrag, true);
        sticky.lastChild.firstChild.addEventListener("blur",
        saveMessage, true);

        document.getElementById('layerStage').
```

```
        appendChild(sticky);

        if(id == '') {
                save("new", sticky.id, sticky.style.top, ⏎
                sticky.style.left, '');
        }
}
```

saveMessageファンクションは、次のような内容になっています。

```
// 入力された文章を保存する
function saveMessage(e) {
        var panel = this.parentNode.parentNode;
        save("change", panel.id, panel.style.top, ⏎
        panel.style.left, this.value);
}
```

　saveファンクションを使って、情報を記録するのはこれまで通りですが、イベントの主役がテキストボックスなため、付箋紙の位置などを記録することができません。そこで、parentNodeプロパティを使って、レイヤーを指定しています。これで、情報の保存が完了です。

　いろいろな操作を試しながら、phpMyAdminでデータベースの内容を確認し、情報が随時記録されているのを確認してみましょう。

## Chapter 9-6　付箋紙の情報を再現する

今度は検索です。MySQL→PHP→JavaScriptの情報の流れを気をつけて作ってみましょう。

今度は、ページが開かれたときに、閉じる前の状態を再現するプログラムを作ってみましょう。initファンクションを次のように書き換えます。

**PROGRAM CODE**

```javascript
// 初期化
var ajax = new XMLHttpRequest();
function init() {
    window.addEventListener("mousemove", doDrag, true);

    var http = new JKL.ParseXML('sticky-
engine.php?action=load');
    http.setOutputArrayAll();
    var data = http.parse();
    for(var i=0; i<data.stickys[0].sticky.length; i++) {
        var x = data.stickys[0].sticky[i];
        if(x.message == null) {
            message = '';
        }
        else {
            message = x.message;
        }
        makeNewSticky(x.id, x.locate_top,
        x.locate_left, message);
    }
}
```

　PHPがデータベースの内容からXMLを作りだし、それをJKLライブラリでJSONに変換して処理します。こうすると、非常に少ないプログラム量でデータを処理することができますね。

# Chapter 9-7　付箋紙の削除

付箋紙を削除します。レイヤーの制御とデータベースの制御の両方が必要です。

最後に付箋紙を削除します。ここまでできれば、後は簡単です。まずは閉じるリンクにイベントを割り当てます。makeNewStickyファンクションを次のように書き換えてください。

■ PROGRAM CODE

```
// 新しい付箋紙を作る
function makeNewSticky(id, top, left, message) {
    var sticky = document.getElementById('layerSticky').↵
    cloneNode(true);
    layerCount++;
    if(id == '') {
        sticky.setAttribute('id', 'sticky' + ↵
        layerCount);
    }
    else {
        sticky.setAttribute('id', id);
    }
    sticky.style.left = left + 'px';
    sticky.style.top = top + 'px';
    sticky.lastChild.firstChild.value = message;
    sticky.style.visibility = 'visible';

    sticky.firstChild.addEventListener("mousedown", ↵
    startDrag, true);
    sticky.firstChild.addEventListener("mouseup", ↵
    finishDrag, true)
    sticky.lastChild.firstChild.addEventListener("blur", ↵
    saveMessage, true);
    sticky.firstChild.firstChild.↵
```

```
        addEventListener("mousedown", closeSticky, true);

        document.getElementById('layerStage'). ↵
appendChild(sticky);

        if(id == '') {
                save("new", sticky.id, sticky.style.top, ↵
                sticky.style.left, '');
        }
}
```

本体のプログラムはこちらです。

PROGRAM CODE

```
function closeSticky(e) {
        var panel = this.parentNode.parentNode;
        document.getElementById('layerStage'). ↵
        removeChild(panel);
        save("remove", panel.id, '', '', '');
}
```

　removeChildメソッドを使えばレイヤーを削除することができます。データベースからも情報を削除すれば完了です。実際に動作させてみると、付箋紙を削除することができるようになっています（図9-6）。

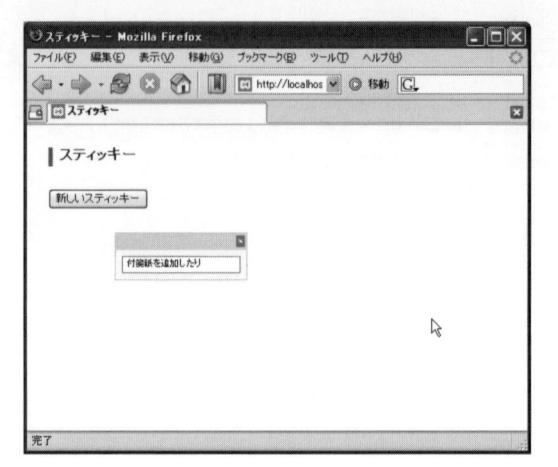

図9-6

## Chapter 9-8 完成

付箋紙プログラムの完成です。
自分なりの工夫を加えて、便利なソフトとして使っていきましょう。

　これで、プログラムの完成です。まだまだ、動きがぎこちなかったり、見た目がいまいちだったり、機能が少なかったりと、未完成な状態ですが、ちょっとした工夫で本格的なプログラムを作ることができるということをおわかりいただけたと思います。
　このプログラムに自分なりの工夫を加えて、Ajaxプログラミングにチャレンジしてみてください。

### さらに作ってみよう　　　　　　　　　　　　　　　　　　COLUMN

　基本的な動作ができるようになった付箋紙プログラムですが、完成度としてはまだまだです。ページの関係で、これ以上は解説することができませんが、ぜひ自分で試行錯誤しながら、さまざまな拡張を施してみてください。たとえば、次のような点を改良するとよいでしょう。

・ドラッグしたときの動作
　現在のプログラムは付箋紙をドラッグをし始めると、中心をマウスカーソルに合わせようとするため、瞬間的に動いてしまいます。きちんとドラッグされた位置を把握して、そのままの位置関係で動作するようにすると、スムーズに動くように見えます。

・テキストボックスを隠す
　現在は付箋紙に常にテキストボックスが表示されています。しかし、編集時以外はテキストボックスはかくしておいた方がすっきりと見えます。
　秘密は、スタイルシートで「visibility」を「hidden」にすることです。これで、テキストボックスを隠すことができますので、編集が終わったらテキストボックスを隠して、代わりにレイヤーに文章を表示しておきます。さらに、そのレイヤーがクリックされたときに、今度は同じ「visibility」を「visible」に設定することで見えるようになります。

・ユーザー毎の管理
　たとえば、データベースにユーザー管理用のテーブルを構築し、会員登録ができるようにします。そして、sticky_tableにもユーザー情報を記録するようにし、自分が作ったデータ以外は見えないようにしましょう。そうすれば、同じプログラムを多くのユーザーが利用できるようになります。
　さらに、たとえば「この付箋紙を共有する」といった変更ができるようになれば、さらに便利に使えるようになるでしょう。

　以上の拡張は、非常に簡単なプログラムで実現することができます。ぜひとも挑戦してみてください。また、さらには付箋紙の色を変えるとか、画像を貼り付けられるようにするとか、アイデア次第でどんどん拡張することができます。ぜひ、アイデアを働かせて、楽しみながら勉強していきましょう。

Part V　もっとAjax

Chapter 10

# Google Mapsを使ってみよう

## Chapter 10-1　準備をしよう

Google Mapsを利用するためには、申し込み手続きが必要です。
英語ページですが、簡単に行うことができます。

　Ajaxの代名詞ともいえる「Google Maps」サービスは、自分で作ったプログラムに組み込んで、利用することができます。
　しかし、実際には本誌で紹介したプログラムの知識はほとんど使わず、「Google Maps API」という独自のオブジェクトやメソッドを使ってプログラムを作っていくというものです。ここでは、簡単に導入のやり方を紹介しておきましょう。
　まず、Google Mapsを利用するためには登録を行う必要があります。次のサイトで登録作業を行います（図10-1）。

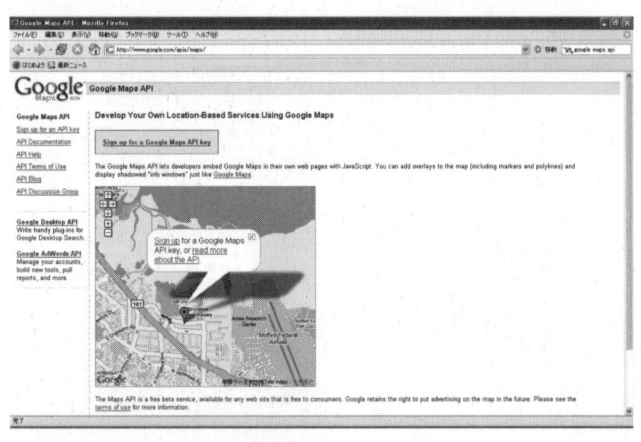

図10-1　Google Maps APIサイト

http://www.google.com/apis/maps/

　規約に同意して、設置するウェブサイトのURLを記入します。なお、Google Mapsを利用するには必ずインターネット上にウェブサイトを設置するスペースが必要になります。もし、お持ちでない方はレンタルサーバーなどをご利用ください。
　さらに、Googleアカウントが必要になります。無料で取得できるので、取得してログインしておいてください。手続きが完了すると、図10-2のような画面が表示されます。ここでGoogle MapsのAPIキーと呼ばれるキーコードと、サンプルプログラムコードを入手することができます。

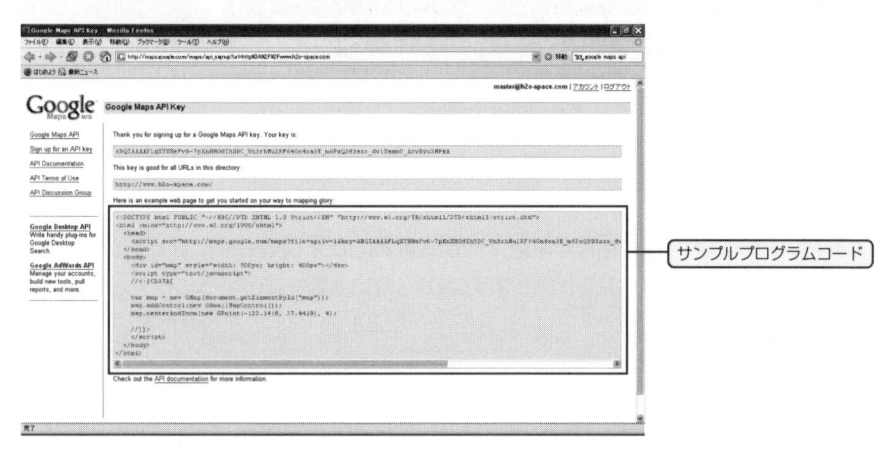

図10-2 キーコード、サンプルプログラムコードが表示される

　画面下に表示されるサンプルプログラムコード（図10-2）を全部コピーしましょう。
　それを、エディタなどに貼り付けて、次のファイル名で保存します。なお、保存するときに文字コードをUTF8にしましょう。

```
gmaps/index.html
```

　次に、このファイルをFTPでアップロードします。たとえば、ここでは「www.h2o-space.com」のサイト上にアップロードしました。次のURLをWebブラウザに表示させてください。

```
http://www.h2o-space.com/gmaps/index.html
```

　図10-3が表示されます。ほとんどの機能がすでに動いているため、このまま利用することもできます。

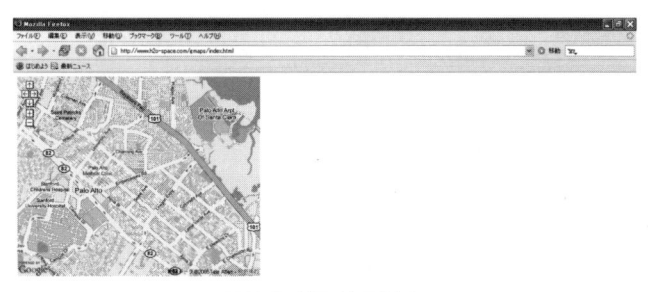

図10-3 地図が表示された

　さらに、これを元に改造することで、さまざまな機能を足すこともできます。いくつか、代表的な例を紹介しましょう。

## Chapter 10-2　表示直後の地点を変更する

Google Mapsの最初の表示位置を調整します。
世界中のどこに設定することもできます。

　最初の状態では、表示された直後に表示されるのが米国の地図になっているので、変更してみましょう。サンプルプログラムの13行目付近を次のように変更します。

▣ PROGRAM CODE
```
map.centerAndZoom(new GPoint(139.700345993042,
35.68985771889442), 4);
```

　これで、FTPで再びアップロードして表示してみましょう。中心が新宿駅に変わりました（図10-4）。

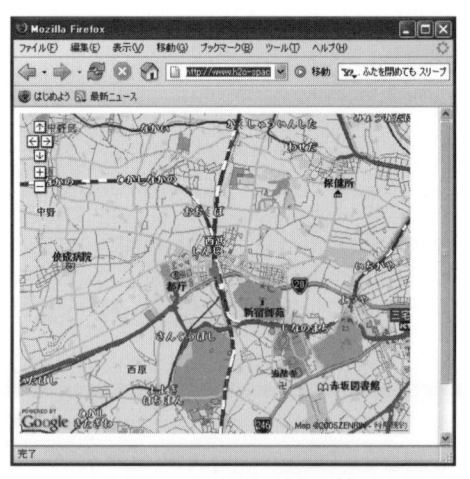

図10-4　中心が新宿に変更された

　GPointというファンクションのパラメータが変わっています。これは、地図の初期値を表す緯度と経度を表します。ただし、普通の緯度・経度とは少し違うため、特殊な計算を行われなければなりません。もし、手軽にいろいろな場所を試したいという場合は、サイバーガーデンの益子さんが公開されている、変換サイトなどを利用すると良いでしょう。

```
http://www.cybergarden.net/blog/images2/
google_maps_centerpoint.html
```

## Chapter 10-3　拡大率を変更する

拡大率も自由に設定することができます。
Google Mapsを使うケースに応じて、適切な拡大率を使いましょう。

　次は拡大率を変更します。地図の左側にあるズームコントロールを使えば、拡大率を変更することができますが、最初の状態はかなり上空から表示されたような状態になります。これを、一番近づいた状態まで拡大してみましょう。やり方は簡単で、13行目付近の2番目のパラメータを変更します。

PROGRAM CODE

```
map.centerAndZoom(new GPoint(139.700345993042, ↵
35.68985771889442), 1);
```

　これで、新宿駅付近が最大まで拡大された状態で表示されました（図10-5）。数字は小さいほど拡大されて、最高で17まで指定することができます。最適な拡大率を指定しましょう。

図10-5　拡大率の変更

## Chapter 10-4　サテライトを表示する

aGoogle Mapsは航空写真（サテライト）を使うことができるのが最大の特徴です。
ここでは、サテライトと地図の切り替えボタンを表示させてみます。

　Google Mapsの魅力は、地図の代わりに航空写真を使って、全国を空中遊泳している気分を味わえるという点です。しかし、サンプルのプログラムでは、このサテライト切り替えボタンが表示されていません。これを追加してみましょう。
　14行目付近、プログラムが終わった最後の行に、次のように追加します。

PROGRAM CODE
```
map.addControl(new GMapTypeControl());
```

　再度アップロードすると、右上にボタンが3つ表示されます。「マップ」は通常の地図、「サテライト」は航空写真、そして「デュアル」は両方を組み合わせて表示させることができます（図10-6）。

※2006年2月現在、日本地図ではデュアルが利用できません。

図10-6　切り替えボタンの表示

## Chapter 10-5 マーカーを表示する

Google Mapsで、特定の地点を示したい場合にはマーカーを使います。
ここでは、新宿駅にマーカーを表示してみます。

　Google Mapsには、標準で図10-7のようなマーカー画像が準備されています。目的の場所を指し示したり、何かのスポットなどを示すなど、さまざまな用途に利用できます。このマーカーを表示させてみましょう。
　15行目付近の、プログラムが終了した箇所に次のように追加してください。

**PROGRAM CODE**

```
var marker = new GMarker(new GPoint(139.700345993042, ↵
35.68985771889442));
map.addOverlay(marker);
```

新宿駅の部分にマーカーが表示されました（図10-8）。

図10-7　マーカー画像

図10-8　マーカー画像を表示

## Chapter 10-6　マーカーをクリックしたら、情報ウィンドウを表示する

Chapter10-5で設定したマーカーには、クリックすると吹き出しを表示させることができます。

　Google Mapsのサービスを使っているとき、検索などをしたときに「情報ウィンドウ」と呼ばれる、吹き出しが表示されるのを見たことがあると思います。この情報ウィンドウも、プログラムで自由に表示させることができます。
　先の「マーカーを表示する」で作ったプログラムの最後、17行目付近に次のように追加しましょう。

■ PROGRAM CODE

```
GEvent.addListener(marker, 'click', function() {
    marker.openInfoWindowHtml
        ('<div style="width:200px">新宿駅</div>');
});
```

　マーカーをクリックすると情報ウィンドウが表示され、「新宿駅」というメッセージが表示されました（図10-9）。

図10-9　情報ウィンドウの表示

GEventオブジェクトとは、Google Mapsのイベントを司るオブジェクトで、これはChapter 10-5で作った「marker」という名前のマーカーに、クリックしたときのイベントを割り当てています。
　クリックされたら、markerオブジェクトのopenInfoWindowHtmlメソッドにHTMLを指定して、メッセージを表示しています。なお、このメッセージを<div>タグを使って幅を指定します。

■ PROGRAM CODE

```
<div style="width:200px">新宿駅</div>
```

　これは、情報ウィンドウの幅を明示的に指定しないと、Firefoxなど一部のWebブラウザでメッセージが縦に表示されてしまうと言う不具合があるためです。さまざまなWebブラウザに対応させるために、必ずこの幅指定は忘れないようにしてください。

## Chapter 10-7 地図を移動しよう

Google Mapsをプログラムで制御してみます。
新しい地点を指定して、地図を移動するプログラムを作ってみます。

最後に、少し動きのあるプログラムを作ってみたいと思います。ボタンをクリックして、地図上を移動するというプログラムです。まずは、HTML文書の<script>タグの直後に、次のようなボタンを2つ配置してください。

**PROGRAM CODE**
```
<form id="form1" method="post" action="">
  <input type="button" name="Submit" value="渋谷駅に移動"
  onClick="moveMap(139.70154762268066, 35.65855154020906)" />
  <input type="button" name="Submit" value="品川駅に移動"
  style="margin-left: 10px"
  onClick="moveMap(139.73905563354492, 35.628767904458996)" />
</form>
```

この2つのボタンをクリックすると、それぞれ渋谷駅と品川駅に移動します。それでは、この移動するためのファンクション「moveMap」を実装します。プログラムの最後32行目付近に、次のように追加します。

**PROGRAM CODE**
```
function moveMap(x, y) {
        map.recenterOrPanToLatLng(new GPoint(x, y));
}
```

また、動きを確認するために拡大率を少し下げます。19行目付近のcenterAndZoomメソッドを次のように変更してください。

**PROGRAM CODE**
```
map.centerAndZoom(new GPoint(139.700345993042,
35.68985771889442), 4);
```

2番目のパラメータを4に変更しました。それでは実行してみましょう。最初は新宿駅が表示されていますが、［渋谷駅に移動］ボタンをクリックすると、地図がスムーズにスクロールして、渋谷駅が表示されます（図10-10）。同じく「品川駅に移動」をクリックすると、品川駅に移動します。

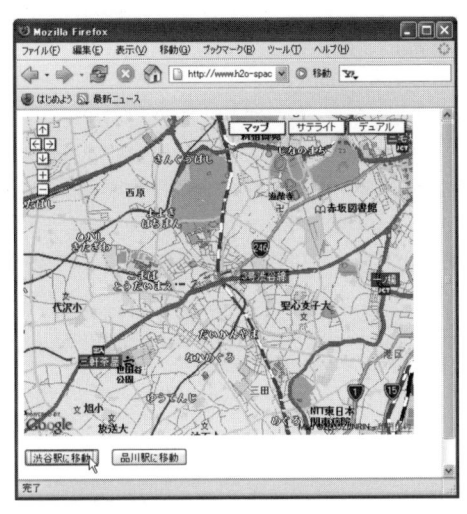

図10-10　ボタンによって移動


　Google Maps全体を司る「map」オブジェクトの「recenterOrPanToLatLng」メソッドに、新しい座標を割り当てるだけで、スムーズなスクロールまで実現することができます。

　ただし、このスクロールを体験できるのは近くへの移動だけです。急激に遠距離に移動させようとすると、画像が準備されておらずに一瞬真っ黒になった後表示されてしまいます。これを防ぐためには、いくつか拡大率を下げて、広い範囲を表示させたり、中継ポイントを作ったりして工夫する必要があります。

　このようにGoogle Maps APIは、通常のAjaxプログラムとは違い、Google Maps特有のファンクションなどを使ってプログラムを作っていきます。詳しくは、次のGoogle Maps API Documentや日本人の方々が解説しているblog、書籍などを参考にしてみてください。

http://www.google.com/apis/maps/documentation/

## さらに作ってみよう　COLUMN

　Ajaxは、自分で作るプログラムはもちろんですが、Google Mapsなどを活用して他のWebサイトなどを連携すれば、さらに可能性が広がります。
　ここでは最後に、Ajaxを使った具体的なプログラムのアイデアをリストアップしますので、ぜひとも時間を見つけて挑戦してみてください。

・RSSリーダー、ライター
　Webサイトの更新情報をリアルタイムに配信するための仕組みがRSS（Really Simple Syndication）です。XMLで構成されていて、すべてのサイトで統一された書式で配信されています。
　これを解析するプログラムを作れば、RSSリーダーソフトを作ることができます。また、たとえば反対にRSSを作り出すプログラムを作れば、RSS配信を行うことができるサービスを作ることもできるでしょう。

・Amazon Webサービスと連携したショッピングサイト
　Amazonは、商品情報をXMLで提供してくれる「Webサービス」というサービスを行っています。これを使えば、Amazonで取り扱っている商品を検索したり、人気ランキングを表示したり、買い物したりといった仕組みを簡単に作ることができます。
　次のサイトでそのアカウントを取ることができますので、説明を読みながら挑戦してみましょう。
http://www.amazon.co.jp/exec/obidos/subst/associates/join/webservices.html/

　さらに、商品の販売額に応じてキャッシュバックを得られる「アソシエイト・プログラム」を使えば、作ったプログラムを経由して商品が売れると、キャッシュバックを受けることもできます。

・問い合わせ画面を、即時応答に
　Ajaxの魅力は、Flashなどと違って今あるサイトをそのままに、拡張を施せることです。
　現在お手持ちのサイトにお問い合わせ画面があるなら、そのお問い合わせ画面で間違えた入力内容をその場で指摘してあげるような工夫をしてみてはいかがでしょう。
　会員登録が必要なサイトなら、IDが重複した場合に、入力されたその場で判定結果を提示してあげれば、ストレスの少ないサイトを作ることができるでしょう。
　検索画面があるならGoogle Suggestのように、キーワードの候補を提示する仕組みや、検索した結果の件数をリアルタイムに表示する、絞り込みをリアルタイムに行う等々、今のWebサイトに「プラスアルファ」することができます。
　ぜひ手軽な場所から挑戦してみてください。

# あとがき

　本書をお手に取っていただきまして、ありがとうございました。本書は、Ajaxの基本的な知識を紹介して、付箋紙プログラムという実用的なサンプルや、Google Mapsを利用して自分なりの地図プログラムを作るところまでを解説いたしました。

　しかし、Ajaxを理解するためには、その根本技術である「JavaScript」と「XML」を始め、JavaScriptと連携するためのサーバーサイドスクリプトとデータベースまで理解できないと、何も作ることができません。そこで、本書ではこれらの知識をすべて網羅すべく、本書の大半を費やして解説いたしました。

　「プログラムを始めてみたい」という方に、この1冊で最初の一歩を踏み出せることを目指して、丁寧に執筆いたしました。ぜひ本書が、皆さんの助けになることを祈っております。

　最後に、他の仕事に忙殺されて、原稿が遅々として進まなかったときも、じっと待ってくださったパーソナルメディア編集部と、本書の校正、サンプルサイトの作成、図の作成をしてくれた弊社の幸に対して、そして本書を手にとってくださったすべての読者の皆様に、お礼申し上げます。ありがとうございました。

たにぐち まこと

# 索引

| | |
|---|---|
| $_POST | 107,108,110 |
| ¥マーク | 109 |

## ABC

| | |
|---|---|
| addEventListener | 196 |
| addOverlay | 239 |
| Apache | 27 |
| AUTO_INCREMENT | 91 |
| centerAndZoom | 236 |
| CREATE DATABASE | 81 |
| CREATE TABLE | 90 |

## DEF

| | |
|---|---|
| DATE | 91 |
| DATETIME | 91 |
| DELETE | 97 |
| div | 68 |
| DROP DATABASE | 85 |
| Firefox | 23 |
| Flash | 5 |

## GHI

| | |
|---|---|
| getElementById | 54 |
| GET方式 | 113 |
| GMarker | 239 |
| Google Maps | 234 |
| innerHTML | 156 |
| INSERT INTO | 94 |
| INT | 91 |

## JKL

| | |
|---|---|
| JavaScript | 2,10,75 |
| JavaScript Object Notation | 185 |
| JavaScriptコンソール | 59 |
| JKL.ParseXML | 189 |
| JSON | 185 |
| language属性 | 75 |
| LIMIT | 96 |

## MNO

| | |
|---|---|
| MAMP | 27,30 |
| mi | 25 |
| MySQL | 27,78,80 |
| mysql_close | 117 |
| mysql_connect | 116 |
| mysql_fetch_assoc | 119 |
| mysql_query | 116 |
| mysql_select_db | 116 |
| Netscape | 23 |
| open | 137 |
| openInfoWindowHtml | 240 |

## PQR

| | |
|---|---|
| phpMyAdmin | 79 |
| POST方式 | 113 |
| PRIMARY KEY | 92 |
| print | 108 |
| prototype.js | 201 |
| recenterOrPanToLatLng | 242 |

| | |
|---|---|
| responseText | 134 |
| responseXML | 183 |
| RIA | 5 |

## STUV

| | |
|---|---|
| SELECT | 101 |
| send | 137 |
| setRequestHeader | 146 |
| sprintf | 122 |
| SQL(Structured Query Language) | 78,81 |
| TeraPad | 25 |
| TEXT | 91 |
| UPDATE | 96 |
| URL変数 | 111 |
| VARCHAR | 91 |
| visibility | 160 |

## WXYZ

| | |
|---|---|
| Webブラウザ | 23 |
| window.alert | 44 |
| XAMPP | 27 |
| XML | 126 |
| XMLHttpRequest | 137 |

## あ

| | |
|---|---|
| アラートボックス | 45 |
| イベントドリブン | 52 |
| インスタンス化 | 137 |
| オートインクリメント | 91 |
| オブジェクト | 46 |
| オブジェクト指向言語 | 46 |

## か

| | |
|---|---|
| 型 | 91 |

## さ

| | |
|---|---|
| セキュリティ | 114 |
| 接続情報 | 117 |
| 属性 | 130 |

## た

| | |
|---|---|
| データベーススペース | 83 |
| テーブル | 89 |

## な

| | |
|---|---|
| 日本語エンコード | 114 |

## は

| | |
|---|---|
| バーチャルホスト | 33,35 |
| パラメータ | 47 |
| 非同期 | 164 |
| ファンクション | 51 |
| フィールド | 78 |
| フォーム変数 | 110,111 |
| プライマリーキー | 91 |
| プロパティ | 48 |
| 変数 | 73 |
| ポート番号 | 35 |

## ま

| | |
|---|---|
| メソッド | 46 |

## ら

| | |
|---|---|
| リレーショナルデータベース | 100 |
| リレーションシップ | 100 |
| レイヤー | 68 |
| レコード | 78 |

**著者紹介**

### たにぐち　まこと
合資会社エイチツーオー・スペース代表

Web制作プロダクションとして、多くの企業サイト・キャンペーンサイトの制作を行う傍ら、WAOクリエイティブカレッジの講師として、教壇に立つ。
FlashやAjaxなど、Webの最新技術を日夜追い求め、Webで「おもしろいこと」ができないか模索している。著書に「Action Script開発テクニック」（CQ出版）などがある。

---

■本書掲載のプログラムコードがダウンロードできます。

http://www.personal-media.co.jp/book/comp/234.html

※プログラムコードの圧縮ファイルの解凍には、下記パスワードが必要となります。

解凍パスワード：hj873465

■エイチツーオー・スペースによる、Ajax情報提供ページ — Recentry Ajax

http://www.h2o-ajax.com/

---

### はじめに読みたいAjax
#### 入門から実践まで

2006年3月10日初版1刷発行

著　者　　たにぐち　まこと
発　行　　パーソナルメディア株式会社
　　　　　〒141-0022　東京都品川区東五反田1-2-33　白雉子ビル
　　　　　電話：(03)5475-2183
　　　　　FAX：(03)5475-2184
　　　　　E-mail: pub@personal-media.co.jp
　　　　　http://www.personal-media.co.jp/
印刷・製本　日経印刷株式会社

Copyright © 2006 Makoto Taniguchi　　　　　Printed Japan
ISBN4-89362-234-X